Viktor Schauberger
Naturforscher und Erfinder

Martina Rodier

Viktor Schauberger

Naturforscher und Erfinder

Zweitausendeins

Deutsche Erstausgabe.
1. Auflage, August 1999.
2. Auflage, Februar 2000.

Lektorat: Ekkehard Kunze und Martin Weinmann (Büro W, Wiesbaden).
Umschlaggestaltung: Sabine Kauf.
Satz und Herstellung: Dieter Kohler GmbH, Nördlingen.
Druck: Gutmann + Co GmbH, Talheim.
Einband: G. Lachenmaier, Reutlingen.
Printed in Germany.

Dieses Buch gibt es nur bei Zweitausendeins im Versand,
Postfach, D-60381 Frankfurt am Main, Telefon 069-420 8000 oder
01805-23 2001, Fax 069-415 003 oder 01805-24 2001.
Internet www.zweitausendeins.de, E-Mail info@zweitausendeins.de.
Oder in den Zweitausendeins-Läden in Berlin, Düsseldorf, Essen, Frankfurt, Freiburg, 2x in Hamburg, in Hannover, Köln, Mannheim, München, Nürnberg, Saarbrücken, Stuttgart.

In der Schweiz über buch 2000, Postfach 89, CH-8910 Affoltern a. A.

ISBN 3-86150-286-0

Inhalt

Anhang

Zum Geleit

Der österreichische Forstmann Viktor Schauberger lebte lange Zeit in einsamsten Bergregionen der Alpen in unberührter Natur. Ausgestattet mit einer außergewöhnlichen Beobachtungsgabe galt sein Interesse hauptsächlich dem Wasser und seinem Wirken. Er war der festen Überzeugung, daß unser aller Schicksal vom Wasser, seiner richtigen oder falschen Handhabung (auf allen Gebieten) abhängt. Seine Erkenntnisse vertrat er energisch, unbeeinflußbar und in einer eigenwilligen Sprache, die auch seinen Zeitgenossen Verständnisschwierigkeiten bereitete.

Offene Menschen, die Viktor Schaubergers Schriften lesen, spüren die tiefe Wahrheit seiner »Schau vom Berge«, verstehen, wenn er verzweifelt, oft wütend, an die heutige naturferne Wissenschaft und Technik appelliert. Deswegen haben seine Schriften ein weltweites Echo gefunden. Doch Schaubergers Intuition ist zu verschieden von unserer Auffassung; und es ist sehr schwierig, seine Botschaft richtig zu dekodieren, zu entschlüsseln und zu interpretieren.

Um so mehr Anerkennung verdient das vorliegende Werk! Es handelt sich um eine äußerst sorgfältige Auswahl der repräsentativen Aussagen und Vorstellungen Viktor Schaubergers, um eine umfassende Darstellung seiner Erfahrungen und Vorstellungswelt. Wer dieses Buch gelesen hat, freut sich auf zusätzliche Schauberger-Informationen zum Genießen oder Studieren von Details mit dem Wunsch nach tieferem Verständnis des Ganzen.

Viktor Schauberger hat keine exakten Formeln, Diagramme oder gar Bauanleitungen hinterlassen, dafür aber hat er naturrichtige

Sichtweisen für Grundlagenforschung und Entwicklung eröffnet. Mit diesem einfühlsamen Buch ist die Startrampe in diese Bereiche geschaffen; wer es liest, kann sicher sein, im unverfälschten Schaubergerschen Sinne informiert zu werden! Hiermit liegt ein solides Grundlagenbuch für seine Sichtweise vor und ein Wegweiser in eine bessere Zukunft.

NORBERT HARTHUN

*Danken möchte ich Ingeborg Schauberger
für ihre herzliche Unterstützung,
Olof Alexandersson für seine hilfreichen
Anmerkungen,
Norbert Harthun für sein Geleitwort,
Pirka Meubrink für ihr Ermutigen,
Dominique Rodier für sein Vertrauen,
Rainer Ihssen für seinen seelischen Spiegel
und Anne Toth für ihre Zeichnungen.
Mein besonderer Dank gilt meinem Meister
für seine Geduld und Liebe.*

Martina Rodier

Einleitung

Zum Aufbau dieses Buchs

Das vorliegende Buch beschreibt ausführlich den Weg Viktor Schaubergers, ausgehend von seinen Naturbeobachtungen, den Theorien, die er für sich daraus geschlossen hat, bis zu den praktischen Anwendungen und seinen Patentschriften. In drei Teilen gegliedert werden seine Erkenntnisse über die Funktion des Wassers, seine Naturlehre und seine Ideen zu den sogenannten Freie-Energie-Maschinen dargestellt.

Zunächst werden seine Kenntnisse auf dem Gebiet der Wasserbautechniken vorgestellt, auf deren theoretischer Grundlage er zahlreiche wasserbauliche Patente angemeldet hatte. Mit der Theorie des Wassers als einem lebendigen Organismus werden der Einfluß von Wasserleitungen auf die Wasserqualität, die Trinkwasseraufbereitung und diesbezügliche Patente erläutert.

Dann werden die Bedeutung des Waldes bei der Bildung von Wasser und der Wasserkreislauf in Pflanzen und Wald erklärt sowie ein Ausblick zum Waldbau gegeben. Seine Theorien zu Befruchtung, Wachstum sowie dem Stoff- und Energiekreislauf in der Natur dienen als Grundlage für die verschiedenen im Anschluß diskutierten landwirtschaftlichen Techniken.

Danach werden Schaubergers Verständnis des gesamten Kreislaufs von Leben und Tod thematisiert, die Funktion der Eiform, seine Evolutionstheorie sowie Ursachen für Krebs und Naturkatastrophen.

Nach Erläuterung einiger Schlüsselbeobachtungen wird die Im-

plosionstechnik vorgestellt, deren theoretische Grundlagen in der Folge als biologisches Vakuum und implosive Bewegungsart erklärt werden. Aufgrund seiner Beobachtung der Forelle entwickelte Schauberger den Repulsator; als Treibmittel dient ein Stoff, den er aus einer Synthese von Wasser und Luft gewann. Nach einer allgemeinen Einführung zum Perpetuum mobile werden hier einige weitere implosionstechnische Maschinen vorgestellt.
Im Anhang schließlich finden sich Materialien zur Biografie, werden Quellenlage und Forschungsstand beschrieben sowie die von Viktor Schauberger umgedeuteten beziehungsweise neu geschaffenen Begriffe in einem Glossar erläutert.

Zur Sprache und Methode Schaubergers

Viktor Schauberger diskutiert in seinen Schriften mehrere Ebenen gleichzeitig. Darin liegt eine der Schwierigkeiten, seine Gedankengänge nachzuvollziehen. Uns, die wir den heutigen Standard wissenschaftlicher Abhandlungen gewöhnt sind, fällt es schwer, bei all den Querverweisen den roten Faden in seinen Schriften zu erkennen. Für Viktor Schauberger ist der Zusammenhang offensichtlich.
Deshalb wird hier auf die meisten Querverweise der Originaltexte vorerst nicht eingegangen. Aber mit jedem weiteren Kapitel kommt dann ein neuer Gedankengang Schaubergers hinzu. Auf diese Weise ergeben sich scheinbar Wiederholungen, die deshalb keine sind, weil das wieder angesprochene Thema jeweils in einem breiteren Kontext erläutert wird.
Schließlich kann man die anfangs aufgeführten Erklärungen zum Wasser in übergeordneten Zusammenhängen – zum Beispiel wissenschaftlichen, technischen und philosophischen – wiederfinden. Diese Vorgehensweise wurde gewählt, um Viktor Schau-

bergers Theorien auf mehreren Ebenen diskutieren zu können. Er selbst stellt in seinen Schriften Querverbindungen her, die über die hier dargestellten noch hinausgehen. Dabei handelt es sich um Erkenntnisse, die mit seinen Naturbeobachtungen alleine nicht nachvollziehbar sind. Es gibt in verschiedenen Schriften Hinweise auf seine medialen Fähigkeiten und sein Wissen aus früheren Inkarnationen. Diese beziehen sich insbesondere auf seine Evolutionstheorie sowie die Implosionsmaschinen. Im vorliegenden Buch werden seine Ideen ausschließlich anhand seiner Naturbeobachtungen diskutiert.

Viktor Schauberger hat kein Hochschulstudium absolviert und sich niemals um eine exakte wissenschaftliche Ausdrucksweise bemüht. Er unterstellt im Gegenteil der Wissenschaft, sie denke »zu primitiv, man könnte es auch nennen, um ein Oktav zu tief«.[1] Da er also sozusagen um eine Oktave höher denkt, hat die Wissenschaft für das, was er erforschte, keine zutreffenden Begriffe; er spricht demnach eine andere Sprache. Bei seinen Vorträgen in Hochschulen zeigte sich dieser Konflikt besonders deutlich. Viktor Schauberger war nicht in der Lage, seine Ideen in einer wissenschaftlich nachvollziehbaren Form darzustellen, und die versammelten Professoren verstanden ihn nicht. Er war sich dieses Mangels durchaus bewußt, konnte ihm aber nicht abhelfen. Nach seiner Einschätzung ist die herkömmliche Sprache ungeeignet, das zu beschreiben, was er wiederentdeckt hat.[2]
Er suchte also nach passenden Ausdrücken für die neu oder wieder erkannten Zusammenhänge und entwickelte eine eigene Begrifflichkeit. Er erfand einerseits Fachausdrücke, ohne sie zu definieren, andererseits benutzte er naturwissenschaftlich definierte Begriffe, setzte sie aber in einen neuen Zusammenhang, ohne das deutlich zu machen. Hinzu kommt, daß er seine eigene Terminologie nicht konsequent angewendet hat: Je nach Zeit-

punkt der Niederschrift oder inhaltlichem Zusammenhang gebrauchte er für denselben Sachverhalt verschiedene Begriffe, ohne deren Unterschied klarzustellen. Es wird in seinen Schriften nicht deutlich, ob der eine Begriff möglicherweise einen anderen Aspekt des Vorgangs meint oder einfach genau dasselbe wie der andere Ausdruck.

Es scheint auch kaum möglich, die Sprache der Primärtexte in gängige Begriffe zu übersetzen, ohne gleichzeitig die Dimension der ursprünglichen Aussagen zu reduzieren. Besonders markant in Schaubergers Schriften ist der häufige Gebrauch der Termini »Stoff«, »Energie« und »Ion«. Alle drei Begriffe sind naturwissenschaftlich eindeutig definiert:

Ein *Stoff* ist eine raumerfüllende, greifbare und mechanisch bearbeitbare Materie in festen, flüssigen oder gasförmigen Atom-, Ionen- oder Molekülverbänden oder Mischungen.

Energie ist die Eigenschaft eines physikalischen oder technischen Systems, Arbeit zu verrichten. Es gibt verschiedene Energieformen: Entweder ist sie an das Vorhandensein materieller Körper oder Teilchen, ihre Bewegungen und Wechselwirkungen gebunden oder mit physikalischen Feldern verknüpft.

Ionen sind Atome oder Atomgruppen, die eine oder mehrere entweder positive oder negative elektrische Elementarladungen tragen. Ionen bewegen sich in einem elektrischen Feld.

Viktor Schauberger benutzt alle diese Begriffe in verschiedenen Abhandlungen; aber keine der oben genannten Definitionen gibt die von ihm umschriebene Bedeutung wieder, sie widersprechen ihr sogar.

Ungewöhnlich ist auch sein Gebrauch von »negativ« und »positiv«. Viktor Schauberger benutzt diese Begriffe wertfrei und beschreibt mit ihnen bestimmte Eigenschaften von Wasser beziehungsweise Ladungsträgern. Im Sinne Viktor Schaubergers sind mit *negativen* nicht schlechte oder mit *positiven* nicht gute Eigenschaften gemeint. Im Gegenteil; er bezeichnet Wasser mit negativen Eigenschaften als lebenaufbauend und solches mit positiven als lebenzerstörend. Gleichwohl sind die Begriffe wertfrei zu verstehen, da erst die Wechselwirkung zwischen beiden Eigenschaften die Qualität bestimmt. Im Zusammenhang mit Temperaturveränderungen innerhalb einer Bewegung benutzt Viktor Schauberger ebenfalls die Zuordnungen »negativ« und »positiv«. In diesem Fall bezeichnet er mit positiv die meistens angestrebte Veränderung und mit negativ deren Gegenteil.

Entsprechende Begriffsdefinitionen finden sich im vorliegenden Buch im jeweiligen Abschnitt. Im Glossar werden Begriffe erläutert, denen Viktor Schauberger seine eigene Bedeutung gegeben hat. Alle dort alphabetisch aufgeführten Ausdrücke sind im Text, zumindest in den für das Schaubergersche Wortverständnis wichtigen Passagen, mit Asterisken* versehen und da, wo sie eingehend bestimmt werden, kursiv hervorgehoben. Das Glossar beinhaltet nur die besonders markanten Begriffe Schaubergerscher Terminologie, aber nicht alle in seinem Sinne verstandenen Ausdrücke.

Zum Verständnis der Primärtexte und bei der Lektüre des vorliegenden Buchs ist es ratsam, sich nicht an geläufigen naturwissenschaftlichen Definitionen zu orientieren. Wenn man die Originaltexte oft genug liest, entwickeln diese eine Eigendynamik und erschließen sich dem Leser wie von selbst. Sie sind in einer sehr bildhaften Sprache verfaßt, die ihnen einen eigentümlichen Charakter verleiht. Ohne die Bereitschaft, Viktor Schaubergers »Sprache in Bildern« zu folgen, kann man nur schwer verstehen, was er meint.

I. Die Erde als Organismus: Die Funktion des Wassers

Ich betrachte das Wasser als das Blut der Erde. In ihm herrscht zwar nicht der haargenau gleiche Vorgang wie in unserem Blute vor, jedoch ein sehr ähnlicher. Er gibt dem Wasser seine Bewegung. Ich möchte diese innere Bewegungsart, die Ursache aller körperlichen Bewegungsmöglichkeiten, mit einer aufblühenden Blütenknospe vergleichen. Bei ihrer Entfaltung baut sie einen kelchartigen Blütenkranz auf, in dessen Mitte der Blütenstengel und an seiner Spitze das eigentliche Bewegungsgeheimnis, das Leben im statu nascendi, in Gestalt einer konzentrierten Bewegung steht.[3]

1. Holzschwemmanlagen: Eine erste Erfahrung

Viktor Schauberger (1885–1958) ist Nachkomme einer alten österreichischen Försterfamilie. Er beobachtete die Natur und nannte sie seine große Lehrmeisterin. Er behauptete, durch intensives Beobachten beantworte sie dem Betrachter intuitiv alle Fragen. 1919 übernahm er als Förster das Jagdrevier des Fürsten von Schaumburg-Lippe und war mit den Problemen des Holztransports betraut. Dort baute er seine erste Holzschwemmanlage. Sie steht am Beginn einer Vielzahl wasserbaulicher Patente.
Schwerpunkt der folgenden Ausführungen ist weniger die Anlagentechnik, sondern vielmehr die Arbeitsweise des Erfinders. Um seine Überlegungen zum Holztransport zu verstehen, ist es nützlich zu wissen, wie zu Beginn des 20. Jahrhunderts in Berggebieten Holz geschwemmt wurde. Olof Alexandersson beschreibt das folgendermaßen:

Die Höhenunterschiede waren meist groß, die Gebirgsbäche liefen durch steile Schluchten und Klammen und führten selten eine größere Wassermenge mit sich, nicht ausreichend für das Schwemmen größerer Hölzer. Man pflegte darum Dämme in bestimmten Abständen zu bauen, wo man das Wasser aufstaute und die Hölzer, die abtransportiert werden sollten, hineinrollte. Dann öffnete man die Schleuse und ließ die ganzen Wassermassen mit dem Holz zu Tale fahren. Das angestaute Wasser entwickelte durch das große Gefälle eine gewaltige Kraft, so daß das Holz kopfüber mitkollerte, an Stein und Felsvorsprüngen gebrochen und zertrümmert wurde. Auch den

Wasserläufen wurde böse zugesetzt, und man betrachtete diese Art von Schwemmen als unwirtschaftlich und naturzerstörend. Der Bau konventioneller Holzschwemmanlagen wurde ebenfalls als unvorstellbar angesehen, weil man ja mit großen Wassermassen arbeiten mußte, um bei diesem oft gewaltigen Gefälle große Holzstämme transportieren zu können.[4]

Aufgrund der teuren Folgeschäden der Schwemmtechnik wurde der mühselige Abtransport durch Zugochsen bevorzugt, wofür freilich neue Wirtschaftswege angelegt werden mußten. Viktor Schaubergers Aufgabe war es, den Transport durchzuführen. Als einmal eine Ochsenkarawane ausfiel, mußte er eine Transportmöglichkeit für das bereits verkaufte Holz suchen. Er fand eine unkonventionelle Lösung für sein Problem:

Nun wußte ich aber, daß mein Vater Hunderttausende von Festmetern Buchenholz auf große Entfernung lieferte, wobei er allerdings diese Arbeit niemals bei Tag, sondern in der Regel in mondhellen Nächten durchführen ließ, weil, wie mein Vater immer erklärte, das von der Sonne bestrahlte Wasser müde und faul wird, sich einrollt und schläft, während es bei Nacht und besonders bei Mondschein frisch und lebendig wird, so daß es die Buchen- und Tannenklötze, die schwerer sind als Wasser, zu tragen vermag.

Weil die Zeit drängte, ließ Viktor Schauberger einen provisorischen Rechen bauen, und wenige Tage später, als der Wildbach durch die Schneeschmelze hochging, wurde das Holz kurzerhand hineingeworfen.

Frühmorgens gingen die Scheiter anstandslos ab. Kaum blinzelte die Sonne ins Wasser, sanken die Scheiter ab und waren nicht mehr von der Stelle zu bringen. Erst spätabends kam wieder Leben ins Wasser, und so brachte ich, bestimmte Tageszeiten übergehend, das Holz bei Nacht mit wenigen Ausnahmen zu Tal.

Aufgrund dieser Erfahrung entwickelte Viktor Schauberger Pläne, wie eine künstlich gebaute Holzschwemmanlage angelegt werden könnte. Er beobachtete aufmerksam das Verhalten der Hölzer beim Schwemmen. Auffallend war, daß in einer Schlucht ohne Sonneneinstrahlung die Hölzer liegenblieben, genauso wie bei direktem Sonnenlicht.[5]

Eine Schlange als Vorbild

Wie Viktor Schauberger berichtet, plante die Gattin seines Geldgebers, die junge Fürstin von Schaumburg-Lippe, eine kostspielige Reise nach Monte Carlo. Zur Geldbeschaffung wollte der Fürst den Wald abholzen lassen, jedoch wäre der zu erwartende Gewinn aufgrund der hohen Transportkosten mit den Ochsengespannen eher gering gewesen. Viktor Schauberger schlug eine Holzschwemmanlage vor, die 90 Prozent der üblichen Transportkosten einsparen sollte.

Sein Entwurf zeigte einige Besonderheiten: Eine solche Anlage sollte Buchen und Eichenstämme, die spezifisch schwerer als Wasser sind, streckenweise in verhältnismäßig wenig wasserführenden *Riesen** transportieren. Man kann sich diese wie eine Rutsche aus Holz vorstellen, in der die Buchenstämme auf einem feinen Wasserfilm gleiten. Manche Riesen waren in bestimmten Abständen undicht, um dadurch einen gleichmäßig geringen Wasserfluß zu gewährleisten. In anderen Gebieten waren *Schwemmkanäle** vorgesehen. Sie sind breiter als Riesen, so daß das Holz schwimmen kann.

Nach den Gesetzen der Hydrostatik, dem Archimedischen Prinzip, ist die erzielte Transportkapazität nicht möglich. Einen entscheidenden Einfluß auf die Funktionsfähigkeit der Anlage haben Wassertemperatur und Wasserbewegung. Die Temperatur des Wassers muß möglichst am Punkt seiner höchsten Dichte, dem Anomaliepunkt, bei +4°Celsius liegen. Um dies zu erreichen, wurde in bestimmten Abständen erwärmtes Wasser aus den Schwemmkanälen abgelassen und kaltes Wasser aus Gebirgsbächen zugeführt. Die Form der Schwemmkanäle wurde dem Lauf von Gebirgsbächen angeglichen. Diese Verbauungsmethode zwang das Wasser, in schlangenartigen links- oder rechtsdrehenden Spiralwindungen zu fließen. So wurden seit Generationen in der Familie Schauberger Wasserriesen und Schwemmkanäle gebaut.[6]

Viktor Schaubergers Vorgesetzte in der Forstverwaltung verspotteten ihn; die Fürstin jedoch sprach sich für den Versuch aus, und die Anlage wurde gebaut. Beim Probelauf blieb das mittelschwere Holz nach etwa hundert Metern liegen und staute das Wasser, das schließlich überlief. Viktor Schauberger suchte – wie immer, in der Natur – nach Erklärungen für diese Niederlage; er setzte sich auf einen Felsvorsprung an einem Stausee und erhielt die Antwort von einer Schlange:

Ich sprang auf und sah eine Schlange, die an dieser Stelle zusammengeringelt lag. Die Schlange schlug ich weg und das Biest flog ins Wasser, schwamm sofort zum Ufer zurück und wollte landen. Das gelang ihr jedoch wegen des steil abfallenden Felsens nicht. So schwamm die Schlange suchend umher und überquerte schließlich den Stausee.

Ich sah ihr nach. Da schoß es mir durch den Kopf. Wie kann die Schlange ohne Flossen so pfeilschnell schwimmen? Ich nahm das am Halse hängende Jagdglas und beobachtete die eigenartigen Drehbewegungen des Schlangenkörpers unter dem kristallklaren Wasser. Dann erreichte die Schlange das jenseitige Ufer.

Eine Zeitlang stand ich noch wie erstarrt da. Vor meinen Augen rekapitulierte ich jede Bewegungsänderung der Schlange, die sich so eigenartig unter dem Wasser gewunden hat. Es war eine wellenartige Vertikal- und Horizontalkurvenkombination. Blitzschnell erfaßte ich den Vorgang.[7]

Durch den geschickten Einbau von dreihundert Lärchenholzlatten als Leitschienen erreichte er eine Wasserführung, die der Bewegung der Schlange glich. Da für einen erneuten Probelauf keine Zeit mehr war, wurde die Anlage gleich vor den versammelten Fachleuten in Betrieb genommen:

Ich gab einen kurzen Wink und langsam schwamm das kaum aus dem Wasser ragende Bloch näher. Dann stand es vor dem Riesenmund*. Es staute das Wasser, welches langsam stieg. Kein Mensch sprach ein Wort. Alles starrte auf das mit dem Wasser hochgehende Bloch. Im nächsten Moment mußte die Riese überlaufen.
Da begann plötzlich ein Gurgeln. Das schwere Bloch drehte sich etwas rechts, dann kurz links und schon schlängelte es sich der Schlange gleich, den Kopf hoch und schwamm pfeilschnell ab. Nach wenigen Sekunden war es, eine elegante Kurve nehmend, weg.[8]

Diese erste Holzschwemmanlage in Steyrling war ein großer Erfolg, den Viktor Schauberger der Beobachtung der Schlangenbewegung verdankte. Weitere Anlagen folgten. Olof Alexanders-

Abb. 1: Wasserriese

Abb. 2: Schwemmkanal

son hat gründliche Recherchen zu den Holzschwemmanlagen gemacht und diese anhand von Fotos und Zeichnungen dokumentiert. Im wesentlichen bestehen sie aus einer Kombination von Riesen, Schwemmkanälen und Stausperren. Dabei werden vorhandene Bäche mit einbezogen. Jede Anlage ist den naturräumlichen Gegebenheiten angepaßt. Allerdings hat Olof Alexandersson die von Viktor Schauberger erwähnten Lärchenlatten bei keiner der fotografierten Anlagen wiedergefunden.[9]
Abbildungen 1 und 2 zeigen die Anlage in Steyrling.
Über die größte Anlage in Frein-Neuberg in der Steiermark wurde 1930 der Film *Tragendes Wasser* gedreht. Im Schauberger-Archiv kann man ein Fotoalbum zu diesem Film einsehen.

In Österreich gibt es Bemühungen, die Reste einiger Anlagen zu erhalten und deren Funktionsweise in einer Ausstellung der Öffentlichkeit zugänglich zu machen.

Die Technik des Holzschwemmens

1930, nach dem erfolgreichen Bau einiger Schwemmanlagen, hat Viktor Schauberger mehrere diesbezügliche Patente angemeldet. Durch Veränderung der Rauhigkeit der Gerinnewände und bestimmte Formen derselben steuerte er die Wasserbewegung. Er bezeichnet diese Technik als naturrichtiges *Verlegen** des Schwemmkanals. Das Verlegen ist der entscheidende Punkt der gesamten Konstruktion. Dadurch wird eine spiralige Drehung des Wassers um seine eigene Achse* in Form einer zykloiden Raumkurve bewirkt, was eine Beschleunigung der Schwimmgeschwindigkeit des Holzes zur Folge hat. Auch überschwere Hölzer können auf diese Weise schwimmen und durch enge Kurven gleiten.

Offensichtlich hatte Viktor Schauberger viele Ideen dazu, die jedoch nicht alle verwirklicht wurden. Einen seiner Gedanken präzisiert er in dem Patent »Künstliches Gerinne zum Schwemmen von Holz u. dgl.« Dort heißt es erläuternd: Da geschwemmtes Holz schneller schwimmt, als Wasser fließt, kann sich vor dem Holz Wasser stauen und das Holz steckenbleiben. Um dem vorzubeugen, schlägt er vor, den Schwemmkanal folgendermaßen zu konstruieren: Im oberen Bereich der Gerinnewand soll eine rauhe Oberfläche das Wasser bremsen, im unteren Bereich soll die glatte Gerinnewand das Wasser beschleunigen. Das wirkt dann wie ein Transportband für schwere Hölzer. Er variiert diese Idee mit zusätzlichen Leitschienen und einem Fahrgestell auf Rädern.[10]

Abbildung 3 zeigt, wie so ein Schwemmkanal aussehen könnte.

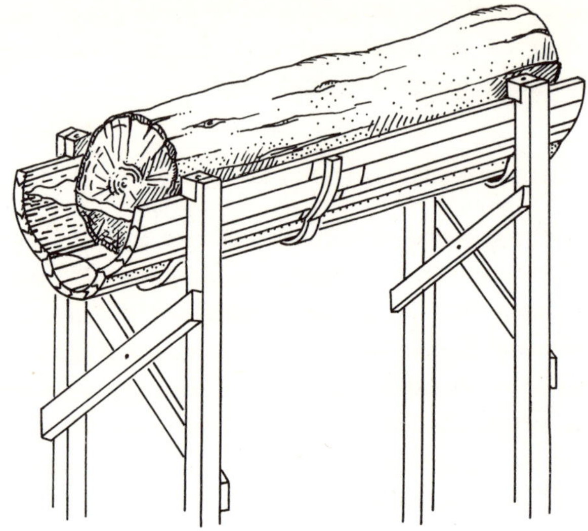

Abb. 3: Künstliches Gerinne zum Schwemmen von Holz

Die Holzschwemmanlagen waren die ersten Erfindungen, die Viktor Schauberger international bekannt machten. 1930 und 1931 veröffentlichte er in der Zeitschrift *Die Wasserwirtschaft* mehrere Aufsätze über die theoretischen Grundlagen seiner wasserbaulichen Patente.

2. Temperatur und Wasserbewegung

Viktor Schauberger bezeichnet Wasser als das *Blut der Erde**. Hinter dieser Metapher steht das Verständnis des Planeten Erde als eines lebenden Organismus. So wie in Menschen und Tieren Blut in den Adern zirkuliert, so fließt das Wasser in den Flüssen des Lebewesens Erde. Im menschlichen Körper unterscheidet man Arterien und Venen, sauerstoffreiches und sauerstoffarmes Blut. Ein regelmäßiger Pulsschlag zeugt von einem gesunden Körper, ebenso eine konstante Körpertemperatur. Bleibt man bei diesem Vergleich von Blutbahnen im Körper und Wasserläufen der Erde, dann kann man auch zwischen sauerstoffarmem und sauerstoffreichem Wasser differenzieren. Entsprechend diesem Gedankengang kann man die Dynamik der Flußläufe als *Pulsieren** des Wassers bezeichnen.
Für Viktor Schauberger haben sämtliche im Fluß stattfindenden Veränderungen ihren Ursprung in einer Veränderung der Wassertemperatur. Grundlage jeglicher wasserbaulicher Aspekte ist das Verständnis der Wechselbeziehung zwischen Temperatur und Wasserbewegung. Dabei darf man das Wasser nicht als eine chemische Substanz betrachten, die bestimmten physikalischen Gesetzen unterliegt, vielmehr muß es als ein Lebewesen mit einem inneren Eigenleben gesehen werden.

Das Temperaturgefälle

Wasser hat bei +4°Celsius seine höchste Dichte. Es handelt sich um den eigentlichen Nullpunkt oder auch Anomaliepunkt des

Wassers. Wenn die Wassertemperatur sich in Fließrichtung von diesem Punkt entfernt, vergrößert das Wasser sein Volumen und verringert sein spezifisches Gewicht. Viktor Schauberger nennt dies das negative Temperaturgefälle* oder auch die negative Bewegungsform. Die entgegengesetzte Bewegung, also die Annäherung der Wassertemperatur an den Anomaliepunkt, bezeichnet er als positives Temperaturgefälle oder auch positive Bewegungsform. Das so definierte Temperaturgefälle hat entscheidenden Einfluß auf die Wasserbewegung.[11]
Abbildung 4 zeigt mögliche Temperaturgefälle.

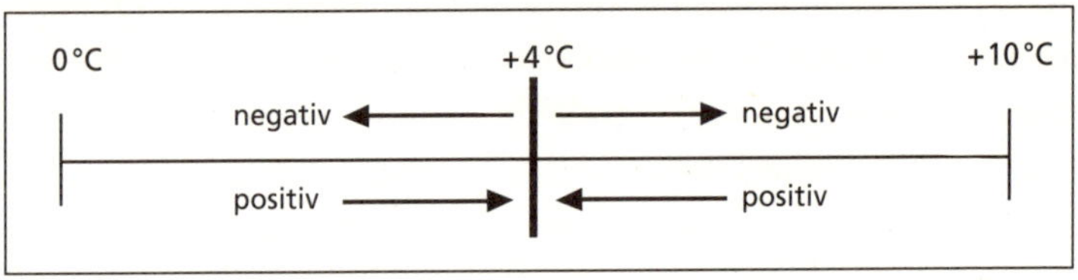

Abb. 4: Bewegungsformen des Wassers

Was Viktor Schauberger mit *Temperaturgefälle* meint, ist das Ergebnis seiner Beobachtungen der Bewegungsformen eines naturbelassenen Flußlaufs von der Quelle bis zur Mündung im Meer: Die Quelle liegt im Schatten, ihr Wasser hat niedrige Temperaturen. An der Stelle des ersten Kontakts dieses Wassers mit dem Licht findet man leichte Ablagerungen, von denen verschiedene Tiere im Quelltümpel leben. Charakteristisch für das abfließende Wasser ist, daß es Ufer und Sohle auch bei starkem Gefälle nicht angreift. Die Steine am Grund sind mit Moosen und anderen Pflanzen bewachsen, welche sich bei negativem Temperaturgefälle flußabwärts und bei positivem flußaufwärts neigen. Bei bestimmten Temperaturen stehen die Spitzen dieser Pflanzen senkrecht zur Fließrichtung. Die Erwärmung eines solchen Flußlaufs erfolgt langsam im Schutz des umgebenden Walds und unter dem Zufluß weiterer kalter Quellen. Die Schleppkraft des Wassers nimmt ebenfalls langsam ab. Gegen Abend nähert sich das Temperaturgefälle der positiven Bewegungsform, nachts erfolgt der Abtransport des Geschiebes. Am oberen Rand des Ufers treten stärkere, nach unten zu immer schwächer werdende Wirbelerscheinungen auf. Das Flußbett verbreitert und vertieft sich allmählich mit der zunehmenden Wassermenge, so daß Abfluß, Fließrichtung, Geschiebeablagerung und Nährstoffabgabe gleichmäßig sind.

Werden die Außentemperaturbedingungen zum Beispiel durch ufernahen Kahlschlag verändert, kann man folgendes beobachten: Die Sonnenstrahlen können die Wasseroberfläche direkt erwärmen. Der Fluß verändert seine Farbe und greift Ufer und Sohle an. Das Temperaturgefälle ist im Vergleich zum naturbelassenen Flußlauf übermäßig negativ*, die Nährstoffabgabe erhöht. Im Oberlauf wird der Fluß zum Wildbach. Im Unterlauf kommt es zu vermehrten Geschiebeablagerungen. Die Gerinne werden breiter und flacher.[12]

Aufgrund dieser Beobachtungen stellt Viktor Schauberger die These auf, daß das Temperaturgefälle der entscheidende Faktor sämtlicher wasserbaulicher Maßnahmen ist.

Auswirkungen von Temperaturveränderungen

Folgt man seinem Gedankengang, so geschieht die natürliche Regulierung des Flusses von innen, durch Veränderung seines Temperaturgefälles. Flußwasser, welches im Gefälle abfließt, wird sowohl von der Sonne wie auch der Bodentemperatur beeinflußt. Beide stehen in Wechselwirkung zueinander und bedingen den Gleichgewichtszustand des Wassers: Die oberen Wasserschichten werden durch die Sonne schneller erwärmt als die tieferen. Bei einem durch Laub geschützten Ufer ist die Sonneneinstrahlung indirekt, jedoch vorhanden. Außerdem kommt es

an den Ufern und über der Sohle durch Reibung zu Erwärmung. Die Folge sind leichte Wirbel und Gegenströmungen an den Berührungsflächen.[13]
Dieser von Viktor Schauberger beschriebene Gleichgewichtszustand stellt sich in jedem naturbelassenen Flußlauf ein. Örtlich auftretende Wirbel sind Anzeichen eines intakten Flußökosystems. Er nennt sie *Turbulenzen**. Jedes Wasserteilchen hat, abhängig von der Wassertemperatur, ein entsprechendes spezifisches Gewicht. Dieses wiederum ist an eine bestimmte Geschwindigkeit in Abhängigkeit vom jeweiligen Sohlengefälle gebunden. Bei Veränderung einer dieser Komponenten passen die anderen sich den neuen Bedingungen an. Weicht beispielsweise die Temperatur von +4°Celsius ab, wird das spezifische Gewicht und damit die Fließgeschwindigkeit geringer. Gleichzeitig hat das Wasserteilchen die Tendenz, die Geschwindigkeit mit zunehmendem Gefälle zu erhöhen. Es findet ein Angleichen an die neuen Bedingungen statt, welches vorübergehend als Turbulenz sichtbar ist. Bei gleichbleibendem Sohlengefälle und negativem Temperaturgefälle werden die Turbulenzen stärker. Schauberger betrachtet sie als eine Art natürliche innere Bremse jedes Fließgewässers. Einen solchen Fluß zeigt Abbildung 5.[14]
Die Komponenten Wassermasse, Gefälle und Temperatur stehen demnach in enger Wechselwirkung miteinander. Wird eine verändert, hat das Auswirkungen auf die anderen beiden, welche immer einen Ausgleich suchen werden. Je kälter das Wasser ist, erläutert Viktor Schauberger, desto höher sind seine Fließgeschwindigkeit und Schleppkraft. Das Flußbett paßt sich in Breite und Tiefe den jeweiligen Wassermassen an. Ein starkes Gefälle entspricht einer maximalen Fließgeschwindigkeit bei einer Wassertemperatur von +4°Celsius. Ist das Gefälle für die Geschwindigkeit zu schwach, sucht der Fluß einen Ausgleich, indem er die Sohle abträgt. Es kommt zu einer natürlichen Vertiefung

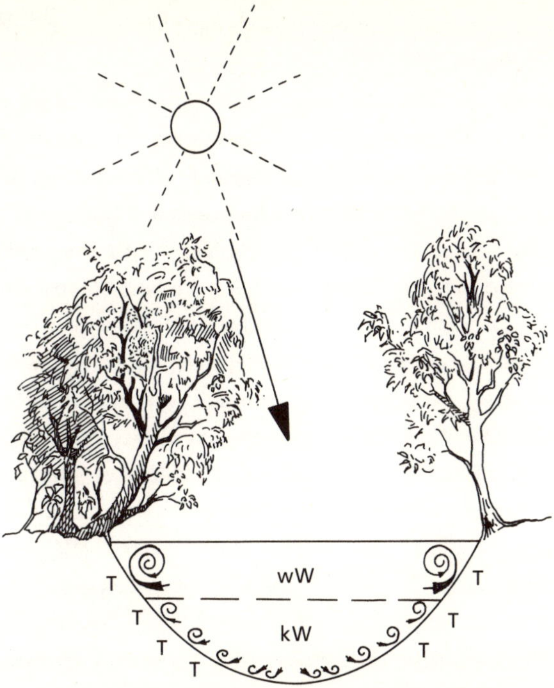

T = Turbulenzen; wW = wärmeres Wasser durch indirekte Sonneneinstrahlung; kW = kälteres Wasser mit höherer Fließgeschwindigkeit

Abb. 5: Schema eines natürlichen Flußlaufs

des Flußbetts. Wird das Wasser erwärmt, vermindern sich seine Fließgeschwindigkeit und Schleppkraft. Die bei kälteren Temperaturen transportierten Stoffe werden abgelagert. Die Folge sind Anlandungen. Das Flußbett wird flacher. Der Fluß formt sich folglich sein Bett in Abhängigkeit von der Wassertemperatur.

Das funktioniert so lange, wie die Temperaturen des *Kernwassers** im Gleichgewicht sind. Unter Kernwasser versteht Viktor Schauberger das Wasser, welches die größte Fließgeschwindigkeit und Schleppkraft im Fluß hat. Es hat die relativ größte Dichte,

und seine Temperatur kommt dem Anomaliepunkt von +4 °Celsius am nächsten.
Je stärker der Einfluß der Sonneneinstrahlung ist, desto negativer wird das Temperaturgefälle. Besonders baumlose Ufer ermöglichen eine vergleichsweise schnelle Erwärmung des Wassers durch die Sonne. Bei einer beschleunigten Wassererwärmung nehmen Fließgeschwindigkeit und Schleppkraft übermäßig ab; die Folge sind erhöhte Ablagerungen von Nährstoffen und Geschiebe. Viktor Schauberger betrachtet dies als einen Indikator für gestörte Gleichgewichtszustände. Dieser Effekt wird verstärkt durch die erhöhten Temperaturdifferenzen zwischen Tag und Nacht. Die Wirbelbildungen an den Ufern sind infolge der erhöhten Erwärmung der Wasseroberfläche viel zu stark. Die kühleren Kernwassermassen fließen im Verhältnis zu schnell, suchen den Ausgleich und bilden Turbulenzen*. Während sich bei ausgeglichenem Flußlauf leichte Turbulenzen am Rande des Flußbetts bilden, handelt es sich hier um Wirbelbildungen innerhalb des Kernwassers. Im Extremfall kann es zu Zerstäubungen des Wassers im Wasser kommen.
Viktor Schauberger bezeichnet dies als eine Art Notbremse für die im Gefälle zu rasch abfließenden Wassermassen. Ihr Zweck ist vor allem eine Temperaturangleichung und dadurch Veränderung der Bewegungsenergie. Die Folgen für das gesamte Flußbett sind Auskolkungen an Ufer und Sohle. Es kommt zu einer Verbreiterung der Wasserläufe ohne entsprechende Tiefe. Das bewirkt wiederum eine größere Wasseroberfläche, welche von den Sonnenstrahlen erwärmt wird und den beschriebenen Effekt fördert. Die vermehrte Wasserverdunstung führt einerseits zu erhöhten Niederschlägen und daraus resultierenden Überschwemmungen, andererseits kommt es zum Austrocknen des Gerinnes.[15]
Einen solchen Fluß zeigt Abbildung 6.

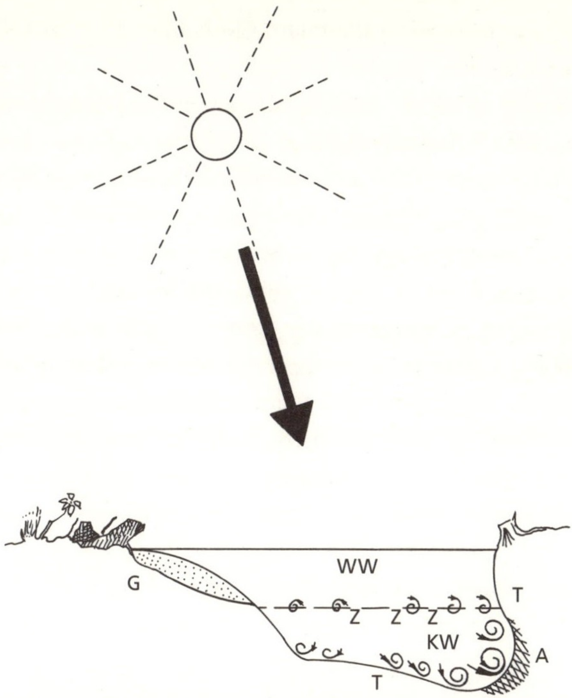

A = Auskolkung; G = Geschiebeablagerung; T = Turbulenzen;
WW = warmes Wasser durch intensive Sonneneinstrahlung;
KW = kaltes Wasser; Z = Zerstäubungen innerhalb des Wassers

Abb. 6: Schema eines gestörten Flußlaufs

Das Flussprofil

Jeder Flußlauf wird geprägt durch seine geographische Lage, Klimabedingungen und andere Gegebenheiten. Diese äußeren Faktoren sind für das sich im naturbelassenen Flußlauf ausbildende Flußprofil verantwortlich.
Nach Viktor Schauberger haben sie entscheidenden Einfluß auf die Vorgänge innerhalb des Flußlaufs: Schon kleine Temperaturschwankungen von außen (zum Beispiel durch eine Schatten-

und eine Sonnenseite, größere Differenzen der Tag- und Nachttemperatur, direkte Sonneneinstrahlung und damit wechselnder Sonnenstand) genügen, um einen inneren Temperaturausgleich hervorzurufen. Die Stelle der tiefsten Temperatur und damit der stärksten Strömung wird als *Stromstrich** bezeichnet. Dieser befindet sich bei gleichbleibenden Temperaturen in der Flußmitte. Schon bei geringfügigen Temperaturunterschieden wird er unregelmäßig und verlegt sich zur kälteren Flußseite.

Nach Viktor Schauberger bildet ein gerade fließender Flußlauf mit einem gleichbleibenden, über längere Strecken und einen Großteil des Tages positiven Temperaturgefälle ein muldenförmiges Flußbett. Er weist eine regelmäßige, beidseitige Ablagerung von Sinkstoffen auf. In Schweden zum Beispiel begünstigen das gleichmäßige Klima und dichter Nadelwald diese Entwicklung.

Abbildung 7 zeigt ein solches Flußprofil.

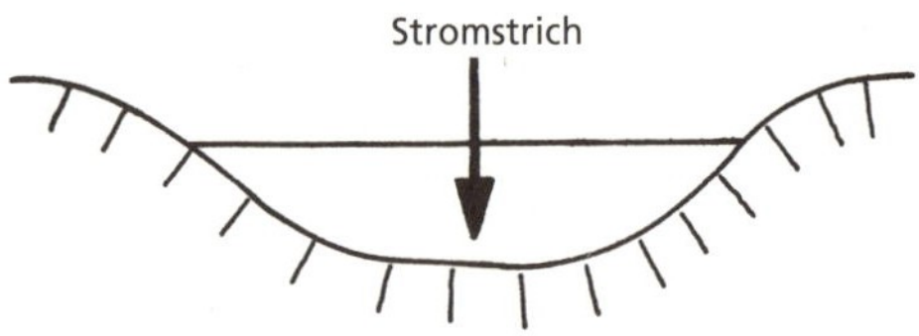

Abb. 7: Muldenprofil

Ist ein Fluß dagegen größeren Temperaturschwankungen innerhalb kurzer Zeitperioden ausgesetzt, das heißt einem raschen Wechsel von positivem zu negativem Temperaturgefälle*, bildet er ein flaches Bett mit einer oder mehreren tief eingeschnittenen Küvetten. In diesen fließt das kühlere Kernwasser*, während das restliche Flußbett entweder trocken liegt oder flaches wärmeres Wasser führt. Der Austritt oberitalienischer Flüsse aus dem Gebirge in die Ebene, begünstigt durch die klimatische Lage, sind Beispiele dafür. Bei Schneeschmelze im Gebirge fließen große

Kaltwassermassen ohne Übergang in die warme Ebene und verursachen Überschwemmungen. In Abbildung 8 ist ein derartiges Flußprofil dargestellt.

Abb. 8: Doppelprofil

Neben diesen hauptsächlichen Profiltypen gibt es natürlich viele Zwischenstufen. Erdrotation und die jeweilige Himmelsrichtung der Fließrichtung haben ebenso Einfluß auf das Profil eines Flusses.[16]

KURVENBILDUNG

Ein naturbelassener Fluß reguliert sich selbst durch Abtrag und Anlandung. Unterliegt der Fluß stärkeren Temperaturschwankungen, gleicht er diese durch die Bildung von Kurven aus. Ein Beispiel: Das rechte Ufer ist vegetationslos und wird tagsüber durch direkte Sonneneinstrahlung erwärmt. Das linke Ufer ist dicht bewachsen und ständig beschattet. Der Stromstrich befindet sich im kalten Wasser nahe dem linken Ufer. Da das kalte Wasser schneller als das warme fließt, überholt es dieses sozusagen und fließt mit dem Stromstrich in den »freien« Raum am rechten Ufer. Dort vermischt es sich mit dem wärmeren Wasser, wird erwärmt und gebremst. Der Stromstrich verlagert sich nach einer solchen Rechtskurve zunächst in die Flußmitte und dann erneut auf die linke beschattete Uferseite. Je nach klimatischen und geologischen Bedingungen entsteht ein natürlicher Kurvenverlauf. Die sacht abfallenden Innenkurven sind gekennzeichnet durch Sand- und Kiesablagerungen des wärmeren Wassers,

während das kältere Wasser in den Außenkurven das Flußbett vertieft.[17]
Abbildung 9 zeigt eine natürliche Kurvenbildung.

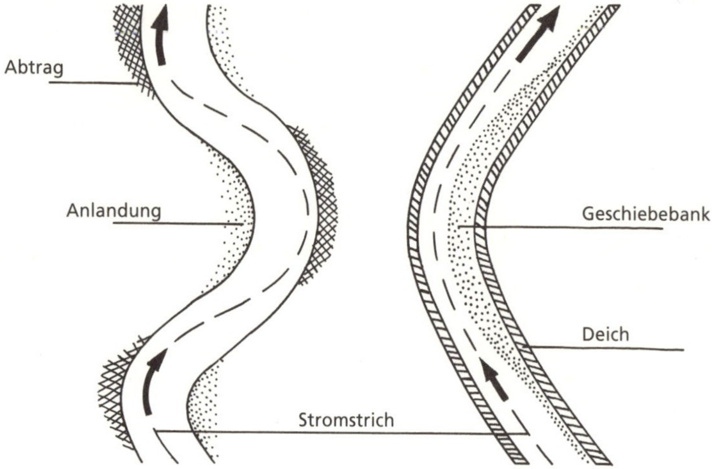

Abb. 9: Schema eines natürlichen Flußlaufs

Abb. 10: Schema eines gestörten Flußlaufs

Wird ein Fluß begradigt oder eingedeicht, fehlt der natürliche Ausgleich der Temperaturunterschiede. Der Stromstrich verlagert sich je nach den Außenbedingungen auf eine Flußseite, während sich am anderen Ufer Sandbänke bilden. Starker Regen kann zu Hochwasserkatastrophen führen. Einen Eingriff in den natürlichen Flußlauf zeigt Abbildung 10.

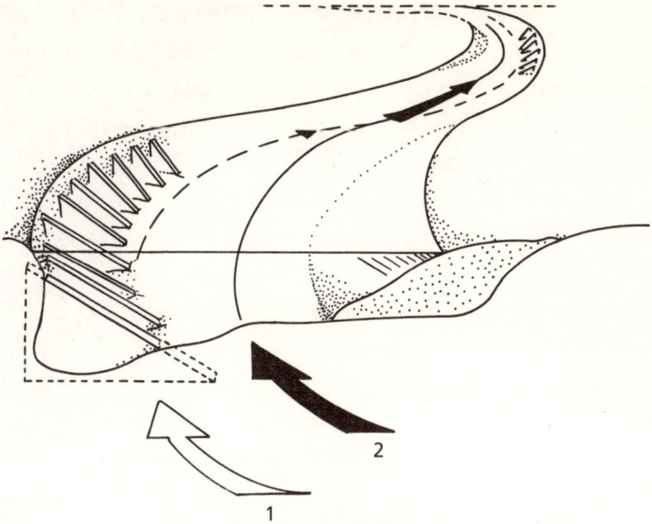

1 = Stromstrich ohne Bremselemente
2 = Stromstrich mit Bremselementen

Abb. 11: Fluß mit Bremselementen

hochgezogen und senkt sich allmählich gegen die Strommitte. Die Elemente werden an stark ausgekolkten Ufern eingesetzt. Durch die Verminderung der Fließgeschwindigkeit zwischen den Bremselementen soll es dort – statt zu weiterem Uferabtrag – zu Ablagerungen kommen.[22]

Olof Alexandersson hat mit solchen Bremselementen häufig experimentiert und festgestellt, daß sie funktionieren. Er machte Versuche in kleinen Bächen in Schweden, wobei er Elemente aus Beton oder Blech benutzte. Solche Maßnahmen sind in größeren Wasserläufen nicht möglich. Viktor Schauberger verwendete offenbar sowohl für die Steuerung in Kurven als auch für eine Bremswirkung im geraden Flußlauf ausschließlich Holzstämme. Der gesamte sechs Kilometer lange Freinbach war in dieser Weise

Abb. 12: Tyrolerbach bei Neuberg

reguliert. Ebenso hatte der Tyrolerbach (Abb. 12) querliegende Bremselemente aus Holz.[23]

Der dänische Hydrologe A. Jacob Odgaard hat Viktor Schaubergers System modifiziert und damit erfolgreich größere Flüsse reguliert. Durch den Einbau einzelner Bremselemente im Bereich der tiefsten Auskolkungen am Ostufer des Flusses Nishnabetna in Iowa konnte die Erosion gestoppt werden.[24]

Schleppkrafterhöhung mittels Einbau von Leitschaufeln

Eine Maßnahme, die das Ausbaggern von Flüssen überflüssig machen soll, ist der Einbau von Leitschaufeln. Ihre Funktionsweise stellte sich Viktor Schauberger folgendermaßen vor: Leitschaufeln im Gerinne haben die Aufgabe, die Durchflußmenge und gleichzeitig die Schleppkraft des Wassers im Vergleich zu glatten Gerinnen zu erhöhen. Um unerwünschte Sedimentationen zu vermeiden, wird das Wasser vom Ufer weg gegen die Mitte des Gerinnes geleitet. Zu diesem Zweck werden leitschaufelartige Flächen gerade hintereinander und zu beiden Seiten der Mittelachse symmetrisch eingebaut. Die Leitschaufeln sind dergestalt gekrümmt und steigen in der Fließrichtung so an, daß sie das Wasser gegen die Gerinnemitte drängen und es in eine drallartige Bewegung bringen. Im Vergleich zum glattwandigen Gerinne werden die Schleppkraft erhöht, der Durchfluß vergrößert und die Ufer geschont. Werden die einzelnen Leitschaufeln noch mit drallartigen Nuten versehen, wird die beschriebene Wirkung verstärkt.

Durch geschickten Einsatz dieser Maßnahme soll nicht nur die Wasserqualität verbessert werden, sondern der Fluß soll in gewissem Grad Abtrag und Sedimentation regulieren.

Viktor Schauberger schlug den Einbau von Leitschaufeln in einer Patentschrift für jegliche Rohre und Gerinne vor, um unerwünschte Ablagerungen zu verhindern. Gleichzeitig übertrug er das Prinzip als wasserbauliche Maßnahme auf große Flüsse. Leitschaufeln sind der entscheidende Teil seines für den Rhein vorgeschlagenen Sanierungskonzepts, welches allerdings niemals realisiert wurde.[25]

Die Abbildungen 13 und 14 zeigen die Wirkungsweise der Leitschaufeln.

Lena Molin und Susanne Olsson überprüften im Rahmen ihrer Diplomarbeit experimentell die Wirksamkeit solcher Leitschaufeln. In einer mit Sand gefüllten künstlichen Wasserrinne wurden Leitschaufeln angebracht. In mehreren Versuchen wurden Wassertiefe, Flut und Gefälle der Wasserrinne variiert und der Sandtransport mit und ohne Leitschaufeln beobachtet. Bei Verwendung der Leitschaufeln wurde Sand von der Mitte gegen die

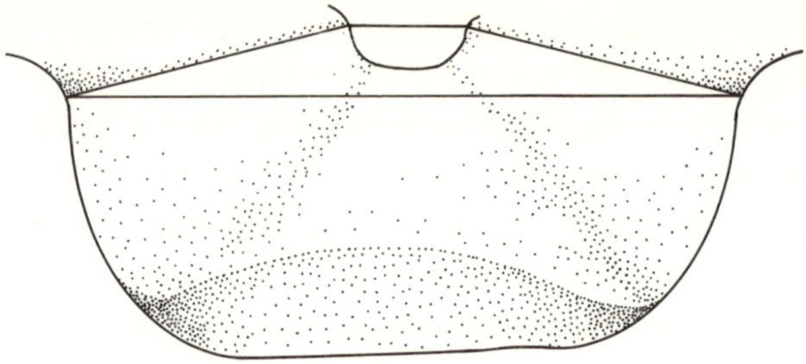

Abb. 13: Gerinne ohne Leitschaufeln

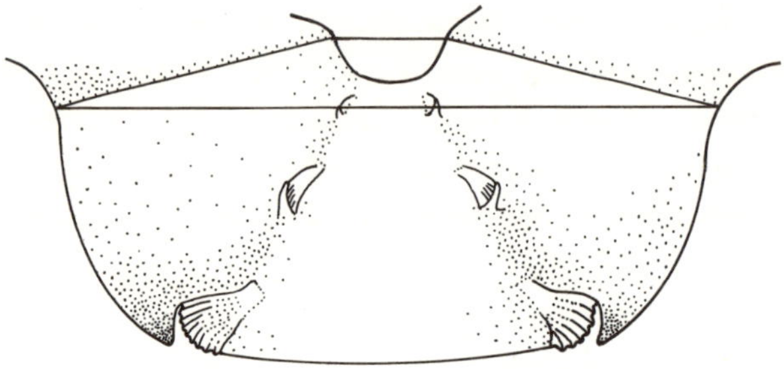

Abb. 14: Gerinne mit Leitschaufeln

Seiten transportiert. Ohne diese wurde Sand in die Mitte der Rinne verlagert. Damit ließ sich Viktor Schaubergers Theorie zumindest im kleinen Maßstab eines Modells bestätigen.[26]

Viktor Schauberger beschreibt das Ausbaggern der Sohle, die Uferbegradigung und das Eindeichen als Maßnahmen, die den Fluß von außen regulieren, ohne seine inneren Gesetze zu beachten. Das Verdichten brüchiger Ufer mit Rammpfählen oder Zement vergleicht er mit einem Arzt, der brechende Blutbahnen im menschlichen Körper mit Zwirn und Nadel flickt. In diesem Sinn ist eine Flußregulierung vom Ufer aus eine reine Symptombehandlung. Kurzfristig wird die erwünschte Profiländerung erreicht, langfristig jedoch nehmen Folgeschäden zu: dem Wasser wird das Leben genommen.

Nach seiner Meinung verweist die Sage vom Gold der Nibelungen auf den früheren Zustand des Rheins: Bei kalten nächtlichen Temperaturen nahm die Schleppkraft des Wassers zu und bewegte das Geschiebe an der Sohle. Durch die Reibung entstand ein goldenes Leuchten, welches die Sage als Rheingold bezeichnet. Dieses Leuchten läßt sich jederzeit durch Aneinanderreiben zweier Kieselsteine im kalten Wasser erzeugen, vorausgesetzt, die Kieselsteine stammen aus einem gesunden Flußoberlauf. Verfolgt man den Gedanken weiter, dann kann man auch Viktor Schaubergers Ausdruck des lebendigen pulsierenden Wassers verstehen. Der natürliche Kurvenverlauf eines Flusses dient demnach nicht nur der schadlosen Abführung der Wassermassen: In jeder Kurve findet ein Energieaustausch statt, getragen von der Dynamik von Abtrag und Anlandung.

In jedem Wassertropfen wohnt eine Gottheit, der wir doch alle dienen, wohnt das Leben, die Seele der »ersten« Substanz – Wasser –, dessen Wandungen und Ufer die Kapillaren sind, die es führen und in denen es kreist.

So beschreibt Viktor Schauberger diesen Prozeß, und er fährt fort:

Jeder Pulsschlag, bestehend aus Wille und Widerstand, bedeutet aufbauende Arbeit und ermahnt uns, die Gefäße, die ersten und wichtigsten Körperformen, zu pflegen, in denen das Produkt einer zwiespältigen Macht, das Leben, pocht.
Jeder Wasserlauf ist eine Ader dieses Lebens, die sich ihre Führungen und Brücken vor sich her baut, um das in der Erde werdende Leben sinnrichtig zu verteilen und in Höhen zu tragen, wo es erst licht, schön und frei werden kann.[27]

4. Wasser ist lebendig

Viktor Schauberger betrachtet Wasser als ein Wesen. Folgerichtig ist es lebendig, zeigt Gesundheit, zeigt Krankheitszustände und hat eine Seele. Er bezeichnet Wasser als eine Substanz, die entscheidenden Einfluß auf das geistige, psychische und körperliche Wohlbefinden der Menschen hat:

Die gewaltigste Brücke für die Entwicklung alles Seins stellt wohl zweifellos das Wasser als Wesen dar.
Nur ein tiefgreifendes Studium intuitiv veranlagter Menschen kann das innerste Wesen der Lebenssubstanz »Wasser« erforschen. Erst mit der restlosen Ergründung der stofflichen Ursubstanz »Wasser« wird es möglich sein, der geistig und körperlich verfallenden Menschheit die Wege zu zeigen, die sie wieder aufwärts führen.[28]

Die Todesquelle

Die meisten der hier vorgestellten Theorien Viktor Schaubergers basieren auf Naturbeobachtungen. Deshalb sollen hier einige seiner ausführlichen Naturbeschreibungen zitiert werden.
Ein scheinbar unbedeutendes Jagderlebnis erwies sich im nachhinein als Schlüsselerlebnis:

Im Salzkammergut befand sich hoch in den Bergen und mitten im Geschröff eine Quelle. Nach Ansicht der Hirten und Jäger war sie giftig. Als Totenwasser war sie durch eine starke Umfriedung gekennzeichnet und dem Weidevieh unzugänglich gemacht worden. Ich stellte den Stutzen zur Seite, nahm den Waidsack ab, an dem der wertvolle Schweißhund gebunden war, der in einem unbewachten Moment plötzlich an der Quelle stand und gierig das Wasser des Todes trank.

Viktor Schauberger beobachtete zunächst erschrocken seinen Hund. Stimmte die verbreitete Meinung, würde der Hund sterben. Das war aber nicht der Fall. Der Hund trank durstig große Mengen des besagten Wassers. Interessiert betrachtete Viktor Schauberger die nähere Umgebung:

Rund um die Quelle fanden sich Spuren von Gemswild. Umgeben war die Quelle von seltenen Hochgebirgskräutern, die beim Durchstreifen die Bergschuhe wie mit einer Ölhaut überzogen, die übrigens auch auf der Oberfläche des kristallklaren Wassers zu sehen war. Besonders auffallend war die blutigrote Färbung der Alpenrosen. Wie ein blutroter Teppich umgaben sie die Quelle. Die Blätter dieser Alpenrosen waren wie mit Goldstaub besät, die sich unter dem Vergrößerungsglas wie Schuppen zeigten. Sie hatten zweifellos metallischen Gehalt.

Da es dem Hund auch nach mehreren Stunden sichtbar gut ging, trank Viktor Schauberger, neugierig geworden, selbst von dem Wasser. Er berichtet, er habe sich zunächst wie benommen und später besonders frisch gefühlt. Auch bemerkte er weitere Besonderheiten der Quelle:

Dieses Wasser gefror auch nicht im strengsten Winter, wo auf dieser Höhe –30 °C keine Seltenheit waren. Die alten Jäger benutzten solche Quellen zum Einlegen ihrer Fuchseisen, die mit Moos bedeckt und abgeblendet niemals einfroren und den Köder weich und geruchlos hielten. Je kälter die Außentemperatur wurde, desto wärmer wurde das Wasser. Bei –30 °C stieg die Wassertemperatur bis an +10 °C, während es an besonders heißen Sommertagen immer näher der Anomalietemperatur von +4 °C kam.[29]

Der hohe Metallgehalt, die auffallenden Temperaturschwankungen und die erstaunliche Wirkung beim Trinken überzeugten

Viktor Schauberger, daß es sich um ganz besonderes Wasser handelte. Nach weiteren Naturbeobachtungen stellte er wesentliche Unterschiede zwischen verschiedenen Wasserarten fest. Wie er sagt, ist es die Seele*, die die Qualität des Wassers bestimmt.

Energieformen des Wassers

Wie das Blut vor allem dem Stofftransport und Stoffaustausch im Lebewesen dient, so gewährleistet das Wasser diese Prozesse in der Erde. Je nach Stoffgehalt unterscheidet Viktor Schauberger zwei verschiedene Wasserarten:

Das Wasser ist also im Organismus der Erde der Träger der Kohlestoffe und Sauerstoffgruppen und zugleich der Träger aller organischen Vorgänge, die alles Leben in der Natur aufbauen. Der Wechsel dieser beiden Stoffgruppen ist aber nicht allein für den Aufbau sämtlicher Organismen, sondern auch für das Verhalten des Wassers selbst von ausschlaggebender Bedeutung.[30]

Dieses Zitat stammt aus einem Beitrag Viktor Schaubergers zu dem 1932 von der österreichischen Landwirtschaftsbehörde herausgegebenen Buch *Donau*. Bekannte Hydrologen schrieben dort über die Donauprobleme. Viktor Schaubergers Artikel unterschied sich grundlegend von den anderen. Seine poetische Ausdrucksweise entsprach weder formal noch inhaltlich dem wissenschaftlichen Standard des Buchs. Mit seiner Theorie, sämtliche Donauprobleme auf den Seelenzustand* des Wassers zurückzuführen, fand er bei den meisten Wissenschaftlern kein Verständnis. Dazu kam, daß er deren hydrologische Vorschläge für falsch erklärte. Olof Alexandersson berichtet, nach der Fertigstellung des Buchs sei »mit Schrecken« festgestellt worden, daß der Beitrag Viktor Schaubergers »auf unerklärliche Weise« aufgenommen worden sei. Das Buch war bereits ausgeliefert, gleichwohl wurde die gesamte Auflage zurückgezogen und der Artikel ausgeschnitten. Allerdings wurde versäumt, auch das Inhaltsverzeichnis entsprechend zu ändern (ein Originalexemplar steht in der Österreichischen Nationalbibliothek; Nr. 631 740-D).[31]

Zum besseren Verständnis der folgenden Gedanken sollen zunächst einige Begriffe Viktor Schaubergers erläutert werden.
Im Zusammenhang mit Wasser und dessen Bestandteilen unterscheidet er verschiedene *Stoffgruppen**. Nach seiner Auffassung besteht Wasser aus *Kohlenstoffen**, *Umbaustoffen** und *Sauerstoffen**. Zu letzteren zählt er Sauerstoff, als Umbaustoff bezeichnet er Wasserstoff, und mit Kohlenstoffen meint er alle übrigen im Wasser enthaltenen Stoffe. Der Begriff umfaßt freie Kohlensäure, ebenso im Wasser gelöste Kohlensäure und Stoffe wie Salze und Metalle.
Parallel zu der Stoffebene beschreibt er eine Energieebene im Wasser. Sämtlichen von ihm als Kohlenstoffe bezeichneten Stoffen ordnet er eine negative* Energie zu, den Sauerstoffen eine positive, und die Umbaustoffe bezeichnet er als energetisch neutral (Abb. 15).[32] Die von Schauberger in einigen Schriften erwähnte »ätherische« Ebene wird hier nicht thematisiert.

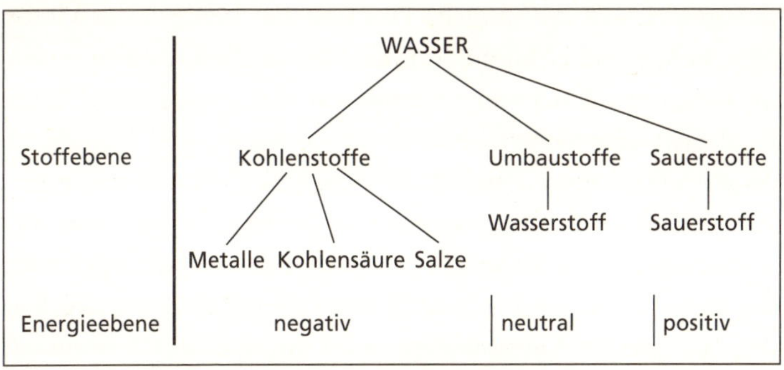

Abb. 15: Stoff- und Energieebenen im Wasser

Regenwasser beziehungsweise Wasser, welches einer starken Durchlüftung und intensivem Lichteinfluß ausgesetzt ist, weist einen geringen Anteil an Kohlensäure und keine oder nur wenige Salzformen auf. Die absorbierten Gase bestehen überwiegend aus gelöstem Luftsauerstoff. Quellwasser besitzt außer den gelösten Salzen einen relativ hohen Anteil an freier und gelöster Kohlensäure. Die Gase bestehen zu 96 Prozent aus Kohlenstoffen. Den charakteristischen Metallgehalt eines Quellwassers bezeichnet Viktor Schauberger als typischen Gehalt an festen Kohlenstoffen.

Auf der Energieebene ordnet er Regenwasser wegen dessen Stoffgehalt als positiv und Quellwasser als negativ ein. In seinen Ausführungen trennt Viktor Schauberger Stoff- und Energieebene nicht. Er verwendet sowohl »Stoff« als auch »Energie« und beschreibt mit beiden Begriffen vermutlich die gleichen Zusammenhänge. Ordnet man ihn den Forschern mit ganzheitlichem Ansatz zu, scheint es nur logisch, daß er die einzelnen Ebenen nicht getrennt, sondern als »übergeordnetes Ganzes« betrachtet. In bezug auf Wasser spricht er von dessen *Energieform**, Psyche, Sphäre oder Charakter. An dieser Stelle läßt sich nur vermuten, ob mit den verschiedenen Ausdrücken jeweils ein bestimmter Teilaspekt betont werden soll oder ob es sich um eine inkonsequente Wortwahl handelt. Die Begriffe werden von Viktor Schauberger nicht einzeln erläutert, lassen aber die Dimension der gemeinten Bedeutung erahnen. Im vorliegenden Buch wird der Begriff Energieform benutzt.

Viktor Schauberger unterscheidet zwischen Wasser mit *negativer** und solchem mit positiver Energieform. Dabei ist der entscheidende Faktor der innere Stoffgehalt des Wassers, das heißt der Anteil an Kohlenstoffen, Sauerstoffen und Umbaustoffen. Diese chemischen Eigenschaften sind Ausdruck einer bestimmten Energie.[33]

An dieser Stelle muß noch einmal betont werden, daß die Zuordnung der Begriffe »positiv« und »negativ« im Sinne Viktor Schaubergers zu verstehen ist; sie sind demnach wertfrei und nicht mit der herkömmlichen Assoziation von gut und schlecht gleichzusetzen. Vielmehr sollen sie im Sinn der naturgegebenen Dualität, ähnlich wie das Begriffspaar weiblich und männlich, verstanden werden. Ein Beispiel: Beim Menschen unterscheidet man Mann und Frau. Das läßt sich zum einen zurückführen auf rein körperliche Merkmale. Gleichzeitig kann man verschiedene Energien bemerken. Der Mann hat nicht nur Geschlechtsmerkmale, sondern auch eine männliche Ausstrahlung. Dazu kommen spezielle, für dieses Geschlecht typische Funktionen. Dieses duale Prinzip männlicher und weiblicher Energien überträgt Viktor Schauberger auf sämtliches Leben in der Natur, also auch auf das Wasser. Er benutzt die Begriffspaare »männlich-positiv« und »weiblich-negativ«.

Reifeeigenschaften

Neben der Energieform* spricht Viktor Schauberger auch von der *Reife** des Wassers. Er unterscheidet verschiedene Reifegrade: Reifes Wasser hat die Qualität von Quellwasser. Unreifes Wasser enthält noch nicht den für die negative Energieform typischen Stoffgehalt.

Wasser muß durch die Erde zirkulieren und dabei zur Reife gelangen. Diese ist das Ergebnis eines inneren Umbauprozesses: Je größer die Gegensätze der Energieformen sind, desto effektiver ist der innere Umbau. Deshalb geht das Wasser den langen Weg durch die Geosphäre. Wenn es die entsprechende physikalische Zusammensetzung der negativen Energieform erreicht hat, ist das Wasser reif und muß die Erde verlassen. Es sprudelt dann aus Quellen hervor.

Damit dieser Reifeprozeß stattfinden kann, braucht es gewisse Rahmenbedingungen: zum einen müssen bestimmte Umbaustoffe vorhanden sein, zum anderen bedarf es Licht- und Luftabschluß sowie bestimmter Weglängen und Zeitspannen. Entscheidend für die Stärke des Umbaus ist der Unterschied zwischen den Energieformen. Wasser mit einer positiven Energieform, zum Beispiel Regenwasser, wird beim Durchsickern durch die negative Energieform der Erde umgebaut.[34]

Viktor Schauberger erklärt diesen Umbau als das Ergebnis von *Ausgleichsvorgängen** der verschiedenen Energieformen. Mit diesem Begriff beschreibt er Wirkungen auf der stofflichen wie energetischen Ebene. Auf der stofflichen Ebene beinhalten sie die Reaktion zweier verschiedener Stoffe miteinander und den sich daraus bildenden neuen Stoff. Auf der energetischen Ebene handelt es sich um die durch den Kontakt zweier unterschiedlich geladener Energieträger hervorgerufene Ladungsveränderung. Grundsätzlich ist der Ausgleich um so stärker, je größer der Ladungsunterschied ist.

Mit den Eigenschaften von Energieform und Reifegrad bewertet Schauberger die *Seele** des Wassers. Während die Energieform ein Ausdruck für die momentane chemisch-physikalische Zusammensetzung und den entsprechenden energetischen Ladungszustand ist, beschreibt der Reifegrad einen Umbauprozeß. Jeder einzelne Wassertropfen hat diese charakteristischen Eigenschaften. Betrachtet man das Wasser als Wesen, dann wird Viktor Schaubergers Behauptung verständlich, daß in jedem Wassertropfen die Seele des Wassers erkennbar sei.[35]

5. Wasser im Naturkreislauf

Der Ursprung allen Lebens liegt im Wasser. Mit dem Wissen um die Seele und Reife des Wassers erweitert sich das Verständnis vom gesamten Naturhaushalt.

Wir sehen also, daß zur Erzielung dieser oder jener Energieform der Einfluß der Sonne auf Erde und Wasser und andererseits wieder der Einfluß der Erde auf das Wasser notwendig ist.

Viktor Schauberger führt weiter aus:

Die beiden Bewegungsformen des Wassers, die positive und negative, oder anders ausgedrückt, das positive oder negative Temperaturgefälle, stellen die bisher unbekannten Größen in der zu lösenden Gleichung dar, aus der sich die großen Grundgesetze des Aufbaues und die dadurch ermöglichte Selbstentwicklung, aber auch die Rückbildung aller Vegetationen, also die hier ebenso wichtigen Zerstörungsgesetze, ableiten lassen.[36]

Das Verhalten von Wasser in der Geosphäre

Wie bereits dargestellt, erfolgt der Reifeprozeß des Wassers in der Geosphäre. Welche Prozesse zwischen Wasser und Geosphäre stattfinden, erörtert Viktor Schauberger in einer theoretischen Abhandlung: Die bereits im Zusammenhang mit der Substanz Wasser erläuterten Stoffgruppen* bezieht Viktor Schauberger auf sämtliche feste, flüssige und gasförmige Bestandteile der Erde. Er differenziert zwischen sogenannten niederorganisierten oder

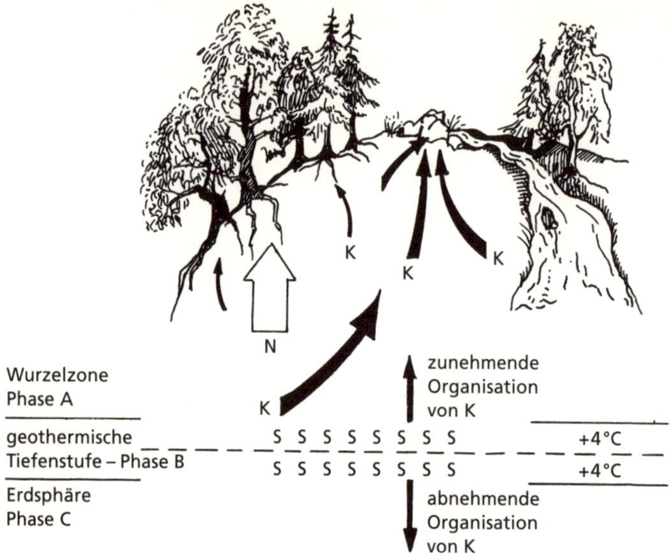

K = Kohlenstoffe; S = Sauerstoffe; N = Stickstoff

Abb. 16: Phasen der Wasserreife

minderwertigen Kohlenstoffen, zum Beispiel Kohle, Erdgas oder Erdöl, und sogenannten höherorganisierten oder hochwertigen Kohlenstoffen, wie Mineralien, Metalle oder Salzkristalle. Analog dazu unterteilt er die Sauerstoffe in niedriger und höher organisierte. Ein höherorganisierter »aggressiver« Sauerstoff ist Ozon. Je hochwertiger ein Stoff ist, desto stärker ist seine jeweilige Ladung.

Die Abbildung 16 zeigt die drei Phasen der Wasserreife, die hier in Anlehnung an Viktor Schaubergers Erörterung erläutert werden.

Phase A umfaßt die gesamte Wurzelzone der Pflanzen. Wasser, welches in die Erde sickert, strebt in dieser Phase einen Ausgleich seiner Kohlenstoffanteile an: Hochwertige Kohlenstoffe aus beispielsweise Quellwasser werden zurückgelassen, während

niederwertige Kohlenstoffe beziehungsweise der Sauerstoffanteil versickern. Die Wurzelzone ist ein Depot an hochwertigen Kohlenstoffen (K). Diese stammen entweder aus versickerndem atmosphärischem Wasser oder aus aufsteigendem geosphärischem Wasser, das seinen Reifeprozeß* abgeschlossen hat.
Phase B bezeichnet Viktor Schauberger als die *geothermische Tiefenstufe**. Sie ist die Schicht innerhalb der Geosphäre, in der die Wasserdichte ihr Maximum erreicht und die Wassertemperatur folgerichtig bei +4 °Celsius liegt. Das Temperaturgefälle – gleichgültig ob von oben oder unten in Richtung der geothermischen Tiefenstufe – ist immer positiv. Diese Phase bildet die Grenze zwischen der Wurzelzone und der Erdsphäre. Die Lage der Phase B wird durch die Außentemperatur und die Klimaverhältnisse beeinflußt, ändert sich also zwischen Tag und Nacht beziehungsweise Sommer und Winter.
Der niederorganisierte Sauerstoffanteil (S) des Wassers reichert sich in der Phase B an. Die ebenfalls versickernden niederorganisierten Kohlenstoffe treten mit dem Sauerstoff in Ausgleich. Die daraus resultierenden Umbauprodukte steigen zum Teil als Stickstoffe (N) hoch, bleiben zum Teil als Salzkristalle (K) in der Phase A. Die geothermische Tiefenstufe enthält einen maximalen Sauerstoffanteil (S) und ist frei von Kohlenstoffen, da diese Stoffe entweder umgebaut oder in der Wurzelzone deponiert wurden.
Phase C bezeichnet die Erdsphäre unterhalb der geothermischen Tiefenstufe in Richtung Erdinneres. Wasser, das in die Phase C gelangt, ist frei von Kohlenstoffen und enthält nur niederorganisierte Sauerstoffe, welche zum Beispiel aus Mangel an Kohlenstoffen in der Wurzelzone nicht umgebaut wurden. Beim Durchsickern der Erdsphäre wird die Wasserdichte mit zunehmender Tiefe geringer, die Wassertemperatur nimmt zu, und das Temperaturgefälle* ist demnach negativ*. Die in der Erdsphäre vor-

handenen Sauerstoffe werden mit zunehmender Tiefe höher organisiert und aggressiver, während die Kohlenstoffe desto niedriger organisiert sind, je tiefer sie sich in der Erdrinde befinden. Dort liegen die Kohle- und Erdgasvorkommen der Erde. Grundsätzlich gilt für den Ausgleich von Kohlenstoffen und Sauerstoffen: Je höher organisiert der Kohlenstoff ist, desto niedriger organisiert kann der Sauerstoff sein, damit ein Ausgleich möglich ist. Umgekehrt heißt das, ein aggressiver Sauerstoff ermöglicht den Ausgleich mit einem niederorganisierten Kohlenstoff. Kommt der aggressive Sauerstoff in der Erde unter hohem Druck mit Kohle in direkte Berührung, so wird diese zerlegt und umgebaut. Der gleiche Umwandlungsprozeß findet im menschlichen Körper bei der Verdauung statt. Mit diesem Bild bezeichnet Viktor Schauberger die Kohle als das *Brot der Erde**.

Die auf diese Art zerlegte und umgewandelte Kohle steigt in Form von höherwertigen Kohlenstoffen auf und lagert sich in der Wurzelzone ab. Dort steht sie Flora und Fauna über die belebte Bodenschicht direkt zur Verfügung. Das Wasser oberhalb der geothermischen Tiefenstufe lädt sich mit den in der Wurzelzone angereicherten hochwertigen Kohlenstoffen (K) auf, verbraucht bei Ausgleichsvorgängen seinen Sauerstoff und muß, wenn es einen gewissen Sättigungsgrad erreicht hat, als Folge von Unterdruckerscheinungen die Erdsphäre verlassen. Die so entstandene Hochquelle trägt zur Versorgung der Tier- und Pflanzenwelt mit hochwertigen Kohlenstoffen bei.[37]

Der Wasserkreislauf in den Pflanzen

Zu Tal fließendes Wasser, welches aus einer Gebirgsquelle stammt, führt eine Vielzahl von Stoffen mit sich, die dem Aufbau des Pflanzen- und Tierlebens dienen. Die Qualität dieses Wassers beschreibt Viktor Schauberger folgendermaßen:

Es ist diejenige Form der Wasserbewegung, die durch das richtige Verhältnis von Sonne, Erde und Wasser die Folge der Funktionen ergibt, die nach der richtigen Zerlegung der Grundstoffe zur Veredlung der Grundformen und in weiterer Folge zum Aufbau der neuen, auch höheren Vegetation auf kürzestem, also geradem Wege führen.[38]

Der Begriff *Bewegungsform** erhält hier eine weitere Dimension. Demnach ermöglicht die negative Bewegungsform ein gesundes Pflanzenwachstum. Während die positive Bewegungsform* des Wassers langfristig zu einem Rückgang der Vegetation führt, ist die negative die Voraussetzung für eine Entwicklung der nächst höheren Vegetationsform. Wichtig ist die gleichzeitige Zuordnung des Begriffs Bewegungsform zur stofflichen und energetischen Ebene.

Nach Hans Börner besagt Viktor Schaubergers Theorie folgendes: An der Spitze jeder Pflanzenwurzel befindet sich ein Wurzelprotoplasma, eine Art Osmosefilter. Lediglich höherenergetisierte Stoffe dringen in die Pflanze ein. Niederorganisierte Stoffe bedürfen einer vorhergehenden energetischen Aufladung, um in der Pflanze aufsteigen zu können.[39]

Und wie man sich den Wasserkreislauf in einem Ökosystem, zum Beispiel einem Wald, nach Viktor Schauberger vorzustellen hat, erläutert Aloys Kokaly: Sämtliche Wasserbewegungen hängen vom Temperaturgefälle ab. Dieses verändert sich mit wechselnden Temperaturverhältnissen. Die Temperatur einer Pflanzenzone wiederum steht in Abhängigkeit zur Verdunstung. Ein Hektar Mischwald verdunstet während seiner Vegetationsperiode täglich etwa 50000 Liter Wasser. Die Verdunstung ist um so größer, je artenreicher der Wald und je ausgeprägter sein Bewuchs in den Vegetationsebenen ist, da auf diese Weise eine optimale Verdunstungsoberfläche gegeben ist. Die Verdunstung aus den Spaltöffnungen der Blätter bewirkt eine Abkühlung des

Pflanzensaftes darunter. Der so entstehende Kühleffekt ist um so stärker, je höher entwickelt die Vegetationsform beziehungsweise je größer die Verdunstungsoberfläche ist.
Nach dem Archimedischen Prinzip muß die kältere, spezifisch dichtere Flüssigkeit absinken und die wärmere, spezifisch leichtere aufsteigen. Der als Folge der Verdunstung abgekühlte Pflanzensaft fließt in Richtung Wurzelraum, der warme Saft steigt nach oben, verdunstet, und der Kreislauf ist geschlossen. Im Winter, bei verminderter Verdunstung, herrscht weitgehende Saftruhe. Im Wurzelraum entsteht eine Kühlzone. Diese wirkt zum einen als Wasserspeicher für die Pflanze, zum anderen wird wärmeres leichteres Wasser aus tieferen Schichten gezwungen aufzusteigen. So ist die Wasserversorgung des Waldes gewährleistet. Diese durch Veränderungen des Temperaturgefälles hervorgerufene Wasserbewegung heißt kapillarer Aufstieg.[40]

Der Stoff- und Energiekreislauf im Baum

Neben dem reinen Wasserkreislauf in Luft, Erde und Pflanzen gibt es noch Stoff- und Energieströme zwischen Atmosphäre und Geosphäre. Auf der energetischen Ebene kann man die Geosphäre als negative und die Atmosphäre als positive Zone bezeichnen. Ein Baum ist mit seinem Wurzelsystem fest in der Geosphäre verankert und hat gleichzeitig über sein Kronensystem direkten Kontakt mit der Atmosphäre, er hat eine Verbindungsfunktion: »Der Baum oder der Wald ist der Mittler der Ausgleiche zwischen Luft und Erde.«[41] Die mit diesem Zitat gemeinte gleichzeitige stoffliche und energetische Komponente der Ausgleiche ist in Abbildung 17 dargestellt.
Die Stoff- und Energieströme im Baum verlaufen vertikal. Die Atmosphäre ist horizontal in Luftisothermen geschichtet. Viktor Schauberger bezeichnet diese als »dort lagernde Breitenspan-

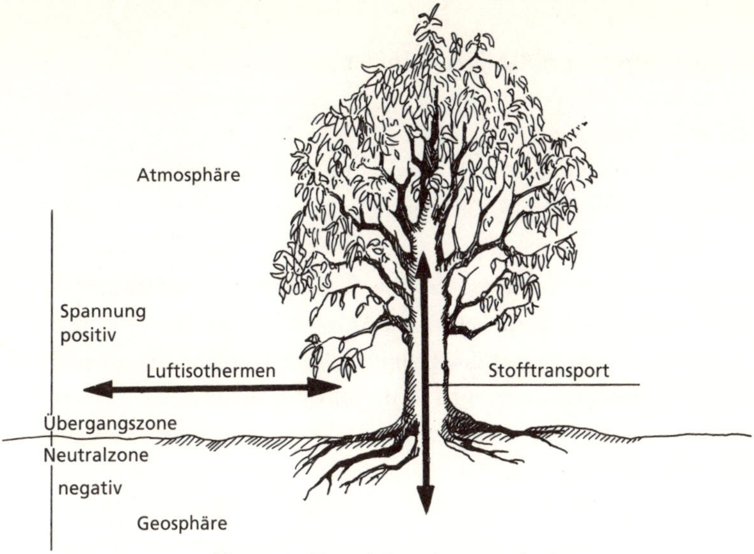

Abb. 17: Stoff- und Energieströme im Baum

nungen«. Die Schnittfläche zwischen dem vertikalen und dem horizontalen Stoff- und Energiestrom liegt im Bereich des Stamms. Hier werden Stoffe und Energien aus der Atmosphäre aufgenommen, in das Kronen- bzw. Wurzelsystem weitertransportiert und von dort in mehr oder weniger verwandelter Form an die Geosphäre bzw. Atmosphäre abgegeben.

Jede Pflanze funktioniert wie ein bipolares Anoden- und Kathodensystem mit zwei entgegengesetzten Spannungspolen und einer bestimmten Fließrichtung. Durch äußere Einflüsse wie Licht, Gezeiten, Sonnen- und Mondstellung verändert sich die Polarität und damit die Fließrichtung. So erklärt sich die unterschiedliche Stoff- und Energieabgabe der Pflanzen bei Tag und bei Nacht und letztendlich der gesamte Stoff- und Energiekreislauf zwischen der negativen Geosphäre und der positiven Atmosphäre. Zwischen beiden Sphären fungiert das Wurzelsystem mit seinem Nährstoffdepot als Neutralzone, der Bereich zwischen Wurzel- und Kronensystem als Übergangszone.[42]

6. Der Wald: Die Wiege des Wassers

Bisher wurde der für die Substanz Wasser relevante Teil ausgewählter Schriften besprochen, im folgenden Abschnitt werden nun eine weitere Ebene der Originaltexte hinzugenommen und die Abhängigkeiten zwischen Wald und Wasser erläutert.

Viktor Schauberger verbrachte seine Jugend in der Natur, besonders im Wald, auch später als Förster hat er sich dem Wald gewidmet. Eine Vielzahl seiner Schriften befaßt sich mit dem Wald.

Wer den Wald naturrichtig erkennen will, muß denselben aus einer Ganzheitsschau sehen. Er muß die Edelholzergebnisse als die natürlichen Endprodukte unzähliger Zusammenhänge betrachten, die so sinnreich angeordnet sind, daß man beim ersten Blick wahrlich verwirrt wird und tatsächlich glaubt, in dieser chaotischen Anordnung ein sinnloses Durcheinander vor sich zu haben.

Gerade in seiner Beziehung zum Wald ist Viktor Schaubergers tiefe Naturverbundenheit zu spüren:

Jeder gefühlvolle Mensch wird so ergriffen, daß er andächtig werden muß, weil man im Walde erst so recht fühlt, wie klein und unfähig der Mensch mit all seinem Wissen und Können ist.[43]

Der Lichtzuwachs

Die geschilderten Stoff- und Energieströme im Baum werden grundsätzlich vom Menschen beeinflußt. Durch bestimmte Waldbaumethoden werden natürliche Polaritäten verändert und damit das Baumwachstum.

Viktor Schauberger kommentierte diese Forstwirtschaftsform kritisch: Mit der beginnenden Forstwissenschaft in Mitteleuropa in der Mitte des 19. Jahrhunderts wurde die Forstwirtschaft zur Holzproduktionsindustrie, deren Bestreben es war, möglichst viele Festmeter Holz zu produzieren. Besonders erfolgreich erwies sich in dieser Hinsicht die Kahlschlagwirtschaft mit nachgepflanzten Monokulturen. Die bei dieser Waldbaumethode störenden Unterholzarten wurden entfernt und die Baumstämme nach Möglichkeit dem Sonnenlicht exponiert. Im Licht wachsende Bäume setzen relativ breitere Jahresringe an. Dieses Verhalten der Natur, den sogenannten *Lichtzuwachs**, machte sich die Forstwirtschaft zunutze. Aber dadurch wurde die Fichte rotfaul und bekam durchfallende, schwarze Äste; die Buche bekam einen schlechten Stamm. Die Qualität des Holzes schwand zugunsten der Quantität. Der Grundwasserspiegel in Mitteleuropa begann zu fallen.[44]
Viktor Schauberger benennt die Folgen des Lichtzuwachses:
Durch Kahl- und Lichtschläge werden Teile des Waldbodens, die bisher im Schattenschutz des Mischwaldes standen, der direkten Sonnenstrahlung ausgesetzt. Die Vegetationsschicht, welche bisher als Strahlenschutz und Übergangszone zwischen den gegensätzlich gespannten Sphären der Luft und der Erde diente, fehlt. Die stark positiven Sonnenstrahlen dringen ungefiltert in den Boden ein und verändern dort das vorhandene Spannungsverhältnis. Der durch die Verdunstung erzeugte Kühleffekt ist weit weniger stark, die Wurzelzone wird also wärmer und kann die Abkühlung des Wassers auf seine gesunde Innentemperatur* von +4 °Celsius nicht leisten, der Boden hat *Fieber**. Der Reifeprozeß* des Wassers kann nur unvollständig erfolgen. Die Wurzelzone kann ihre Funktion als Depot für hochwertige Kohlenstoffe – wenn überhaupt – nur bedingt erfüllen. Der Stoff- und Energiekreislauf im Wald ist gestört.

Das gilt für alle Pflanzensäfte, die ungefilterter Sonneneinstrahlung ausgesetzt werden. Die in den Blättern und Nadeln gespeicherten Pflanzenfette absorbieren die Lichtstrahlen und geben sie in der für die jeweilige Baumart optimalen Wachstumsform weiter. Die Spezialisierung der Pflanzenfette auf die Absorption bestimmter Strahlungsintensitäten äußert sich in der Ausbildung von Schattholz- und Lichtholzarten. Werden typische Schattholzarten der direkten Sonneneinstrahlung ausgesetzt, stört das die Regulationsfunktion der Fette. Die Stoffe werden nicht in umgewandelter Form dem Stoffkreislauf des Baums zugeführt, statt dessen findet eine Art Kristallisierung statt: das Wachstum wird grobkörnig.
Nach Viktor Schauberger kann man von einem stofflichen Massezuwachs nicht auf einen gleichzeitigen Qualitätszuwachs schließen. Die beschriebene forstwirtschaftliche Methode bedeutet einen Qualitätsverlust. Die sich ausbildende kristalline Zellstruktur bezeichnet Viktor Schauberger in seinen Schriften als *Baumkrebs**.[45]

Bewirtschaftung des Waldes

Viktor Schauberger begründet seine Thesen zum Wald mit Beobachtungen, die er an der schon erwähnten Todesquelle gemacht hatte:

Während des Krieges wurde ca. 600 bis 800 Meter tiefer ein großer Kahlschlag gelegt. Schon im nächsten Jahr begann die Quelle zu versiegen. Auffallend war das vollkommene Verschwinden der Ölhaut. Das Wasser wurde schal und rundum verschwanden zuerst die Heilkräuter. Später auch die von den Gemsen besonders beliebten kurzen Hochgräser.
Plötzlich setzte in diesem Gebiete, das bisher vollkommen verschont geblieben war, die Räude ein, der nach und nach alle Gemsen zum

Opfer fielen. Wo sich die spärlichen Gemsreste hielten, war dies immer in unmittelbarer Nähe ähnlicher Quellen. Diese blieben erhalten, wenn in der Nähe oder unterhalb keine Kahlschläge gelegt wurden.

Aufgrund seiner Beobachtungen kam Viktor Schauberger zu der Erkenntnis, »daß das Wasser nicht hochsteigen kann und die inneren Spannungen nicht mehr auftreten können, wenn die schweren Metallstoffe auszufallen beginnen, weil sich die Erde durch übergroße Kahlschläge entspannt«.[46] Der enge Zusammenhang zwischen Forstwirtschaft und Wasserhaushalt des Waldes ist offensichtlich.

Eine optimale Waldnutzung bietet nach Viktor Schauberger der Mischwald: Die Mächtigkeit der Wurzelzone ist u. a. abhängig von dem Pflanzenbewuchs. Ein gesunder Mischwald mit einem ausgeprägten Bestand an Flach- und Tiefwurzlern hat eine optimale Wurzelzone sowie einen ausgeglichenen Bestand an Unter- und Nebenwuchs. Neben der charakteristischen Wurzelzone bildet dieser Wald eine Art Übergangszone zwischen Geosphäre und Atmosphäre.

Die Vegetationszone hat eine Art Kühlschrankwirkung: Regenwasser hat wie die Atmosphäre eine positive Energieform. Die Pflanzen kühlen es ab und vermindern dadurch die positive Energie. Beim Zusammentreffen des gekühlten Niederschlagswassers mit den Kohlenstoffen aus der Wurzelzone finden Ausgleichsvorgänge statt, wobei beide aufgewertet werden.

Da die in der Wurzelzone deponierten Kohlenstoffe auf ihrem Weg durch die Geosphäre bereits eine Aufwertung erfahren haben, benötigen sie – nach dem Grundprinzip der Ausgleichsvorgänge zwischen Kohlenstoffen und Sauerstoffen – zum weiteren Umbau Sauerstoffe, welche ihrerseits bereits teilweise aufgewertet sind. Diese Aufwertung erfolgt innerhalb der Vegetationszone des Mischwaldes.[47]

Wechselnde Niederschlagsmengen oder andere Einflüsse von außen, wie jahreszeitlich bedingte Lichtverhältnisse oder der Wechsel von Tag und Nacht, verändern den Grundwasserspiegel ständig. Schwankungen des Grundwasserspiegels werden durch dessen innere Spannung bestimmt. Je stärker die innere Spannung des Wassers ist, desto höher steigt es. Durch direkte, ungefilterte Sonnenstrahlen wird das Wasser entspannt, der Grundwasserspiegel sinkt. Das Wasser in der Geosphäre erhält aufgrund der äußeren Temperaturschwankungen und seiner inneren Spannungsveränderungen regelmäßig Impulse zur Bewegung. Viktor Schauberger spricht hier vom *Pulsieren** des Wassers, das dabei Salze löst, transportiert und lagert beziehungsweise Stoffe und Energien umwandelt.

Dieses Pulsieren hat eine Steigerung des lotrechten Grenzverkehrs zwischen den atmosphärischen und geosphärischen Differenzstoffen oder einen Daueratmungszustand zur Folge. Ist daher die scheinbar kunterbunt neben- und übereinanderwachsende Zwischenvegetation eines Waldes so chaotisch geordnet, daß die Niederschläge in Gestalt von Luft- oder Wassersauerstoffen mechanisch und physikalisch zerstreut und dosiert werden können, so beginnt der Waldboden tief und kräftig zu atmen.

Außerdem hat die Form der Waldwirtschaft einen unmittelbaren Einfluß auf den Grundwasserspiegel. Viktor Schauberger macht deutlich:

Die Forstwissenschaft nimmt bekannterweise durch frühzeitige Läuterungs- und Durchforstungshiebe alles ihr minderwertig und bodenschwächend Erscheinende weg und entfernt mit peinlichem Fleiß jeden Strauch und sogar die höheren Grasarten. Sie glaubt, daß diese Schmarotzer nur mithelfen, die Bodenkräfte zu verzehren.[48]

Als Folgen dieser Forstwirtschaft beschreibt Viktor Schauberger
– einen zu harten Regenniederschlag,

- eine mechanisch bedingte Zerstörung der natürlichen Schutzschicht zwischen positiver Atmosphäre und negativer Geosphäre,
- einen unerwünschten Ausgleich zwischen Luftsauerstoff und Kohlenstoffen der Erde,
- ein Binden der Kohlenstoffe an den Luftsauerstoff,
- vermehrte Verwesungsvorgänge*,
- Entwicklung von Bakterien und
- als letzte Konsequenz ein Absinken des Grundwasserspiegels.

Durch die Kahlschlagwirtschaft werden der Pulsschlag des Wassers und das »Atmen« der Erde unterbunden. Der Weg durch den Wald ermöglicht es dem Wasser, mit dem für seinen inneren Umbau nötigen Temperaturgefälle in die Erde einzutreten. Veränderungen des Temperaturgefälles beeinflussen direkt den Reifeprozeß des Wassers. Die Folge sind Qualitätsminderungen oder gar das Versiegen von Quellen. Gleichzeitig wird mit der Kahlschlagwirtschaft die Wurzelzone zerstört und damit das Depot von hochwertigen Kohlenstoffen. Die Bodenqualität nimmt ab.

Die Qualität des Waldes bestimmt die Qualität des Wassers. Im Wald reift das Wasser zu seiner lebenerhaltenden Funktion heran. Deshalb bezeichnet Viktor Schauberger den Wald als die *Wiege des Wassers**.[49]

Forderungen für den Waldbau

Zu den Folgen der scheinbar gewinnbringenden Forstwirtschaftsform rechnete Viktor Schauberger 1930 folgendes Beispiel:

Es ist bekannt, daß mit dem Einsetzen der nach forstwissenschaftlichen Grundsätzen geführten Waldbehandlung das bei uns vorkommende qualitativ wertvollste Holz, das sogenannte »Resonanzholz«, mit einem Schlage verschwand.

Typisch für dieses Holz sind sehr feine Jahresringe und ein äußerst gleichmäßiger Wuchs. Zur Qualität dieses Holzes führt Viktor Schauberger weiter aus:

Die wunderbare Klangfarbe der aus diesem Holz (aus welchem auch Stradivari seine berühmten Geigen baute) erzeugten Instrumente verweist nicht nur die gesündeste, weil natürlichste Entwicklungsart; dieses Holz hat auch eine fast unbegrenzte Dauerhaftigkeit.[50]

Schauberger schrieb Abhandlungen über das Waldsterben und schlug Maßnahmen dagegen vor. Seine Forderungen lassen sich in folgenden Punkten zusammenfassen:

- Das Waldsterben hat bereits große Ausmaße, es muß dringend gehandelt werden.
- Ein gesunder Wald ist ein ausgewogener Mischwald mit einem dreistufigen Vegetationssystem, bestehend aus Gräsern und Kräutern, Unterholz und Hochstämmen.
- Jungbäume sollten immer im Schutz von ausgewachsenen Bäumen aufwachsen.
- Die Wurzelzone im gesunden Wald hat eine optimale Ausprägung, bestehend aus Flach- und Tiefwurzlern.
- Die Borke ist eine Zwischenpolarität und eine Selbstschutzfunktion für den Baum. Sie muß den natürlichen Lebensbedingungen des Baums entsprechend gepflegt werden. Das heißt, eine Schattholzart darf nicht in der Sonne stehen und umgekehrt keine Lichtholzart im Schatten.
- Die Wasserläufe im Wald müssen in ihrer naturgegebenen Form fließen. Dann wird der Wald das Holz mit den Wasserläufen liefern.
- Grundsätzlich sollte jeder Baum dort angepflanzt werden, wo

er heimisch ist. Nur dort findet er die Lebensbedingungen, die ihm entsprechen.

- Ein gesunder Wald ist die Grundlage jeglichen Lebens. Stirbt der Wald, stirbt auch der Mensch. Deshalb muß der Schutz des Waldes Priorität haben.[51]

Viktor Schaubergers Schlußfolgerung:

Ohne Wald kein Wasser. – Ohne Wasser kein Brot. – Ohne Brot kein Leben.[52]

7. Edelwassererzeugung

Wasser löst im Körper jedes Lebewesens organische Stoffwechselprozesse aus, die letztendlich die Qualität des Zellaufbaus bestimmen. Dieser hängt entscheidend von der Energieform des Wassers ab. Die daraus resultierenden Oxidationsprozesse bestimmen die Körpertemperatur des jeweiligen Organismus, die *Innentemperatur**. Von dieser Innentemperatur kann man auf den Gesundheitszustand des Lebewesens schließen. Die Lebewesen haben eine artspezifische Innentemperatur.

Da es auch Viktor Schauberger um Ganzheitlichkeit geht, hält er Wechselwirkungen zwischen Körper, Seele und Geist für selbstverständlich: Ist die Innentemperatur erhöht, der Körper also krank und hat er Fieber*, dann beeinflußt das automatisch die geistige und seelische Verfassung des Lebewesens. Diese äußert sich in Charakter und Psyche.

Eine bestimmte Innentemperatur erzeugt eine bestimmte Körperform und diese wieder eine bestimmte, immaterielle Energie, die uns in einer mehr oder minder hoch organisierten Form als Charakter entgegentritt.

Werden die Grundsubstanzen in ihrer Zusammensetzung geändert, so muß sich zwangsläufig nicht nur der dem weiteren Körperaufbau zugrunde liegende Stoffwechsel, sondern mit diesem auch der geistige Auf- und Weiterbau ändern.

So erläutert Viktor Schauberger die Zusammenhänge, und er kommt zu dem Resümee:

Gesunde Luft, gesunde Nahrung und gesundes Wasser ergeben nicht nur einen gesunden Körper, sondern auch gute Charaktereigenschaften.[53]

Hier spricht Viktor Schauberger eine weitere Ebene der Funktion des Wassers an. Jedes Lebewesen benötigt Wasser. Dieses hat neben der Aufgabe des Nahrungstransportes die Funktion, die geistige Entwicklung zu fördern. Umgekehrt heißt das, die Natur- und die damit einhergehende Wasserzerstörung leitet zwangsläufig eine geistige Verarmung ein.

Anodenwasser und Kathodenwasser

Wie bereits erläutert, unterteilt Viktor Schauberger Wasser aufgrund seiner chemisch-physikalischen Eigenschaften in zwei Gruppen. Er beschreibt diese auch als *Anodenwasser** und *Kathodenwasser**. Dabei entspricht das Anodenwasser der männlich-positiven und das Kathodenwasser der weiblich-negativen Energieform. Beide sind notwendig, um durch ihre Wechselwirkungen Prozesse innerhalb des Naturhaushalts zu ermöglichen. Ist ihr natürliches Gleichgewicht* gestört und überwiegt eine der beiden Wasserarten, hat das schwerwiegende Folgen für Mensch und Natur. Viktor Schauberger hat erkannt, daß die Ursache vieler Krankheiten in einem Übermaß von Anodenwasser liegt.

Anodenwasser hat eine kristalline Zellstruktur, während Kathodenwasser amorphe Strukturmerkmale aufweist. Viktor Schauberger untersuchte Wasser mit verschiedenen Zellstrukturen unter dem Mikroskop. Die Mikroskopaufnahmen führt er als Beweise seiner Theorie an.[54]

Das kristalline Wasser bildet Kristalle aus, die im Menschen ebenfalls ein Wachstum solcher positiver Zellstrukturen hervorrufen kann. Die positive Zellstruktur zeichnet sich wie bei

Geschwüren durch einen erhöhten Sauerstoffanteil aus. So erklärt Viktor Schauberger unter anderem Krebsgeschwüre oder Nierensteine. Schadstoffe, die in diesem Wasser möglicherweise enthalten sind, bleiben im Körper.

Im amorphen Wasser sind sämtliche Inhaltsstoffe, also auch Schadstoffe, fest in der Zellstruktur gebunden. Trinkt man dieses Wasser, fließt es ohne Ablagerungen durch den Körper durch. Vielmehr kann es durch seine Eigenschaft als Biokathode positive Stoffe des Körpers binden und ausspülen. Das können

	ANODENWASSER	KATHODENWASSER
Wasserart	Regenwasser Oberflächenwasser Kondenswasser destilliertes Wasser	Quellwasser Tiefseewasser
chemische Zusammensetzung	geringer Anteil an Salzen, natürlicher Kohlensäure, Metallen; hoher Anteil an gelöstem Luftsauerstoff	hoher Anteil an Salzen, natürlicher Kohlensäure, Metallen; geringer Anteil an gelöstem Luftsauerstoff
Stoffzuordnung	Sauerstoffe	Kohlenstoffe
Zellstruktur	kristallin	amorph
Energie	männlich-positiv	weiblich-negativ
Wirkung im Organismus	lebenzerstörend	lebenerhaltend
Geschmack	fade/schal	erfrischend/prickelnd
Einflußfaktoren	Wärme/extreme Kälte explosive Bewegung Druck	4°Celsius implosive Bewegung Sog

Tabelle 1: Unterscheidungsmerkmale von Anoden- und Kathodenwasser

Schadstoffe im chemischen Sinn, aber auch Zellgewebe mit positiver Struktur sein.[55] Ein weiteres typisches Merkmal von Kathodenwasser ist sein erfrischend prickelnder Geschmack, während Anodenwasser fade und schal schmeckt.

Die genannten Eigenschaften sind nicht konstant, sondern verändern sich unter dem Einfluß bestimmter Faktoren. Die Wassertemperatur ist einer dieser Faktoren. Anodenwasser kann also in Kathodenwasser verwandelt werden und umgekehrt. Quellwasser hat bei seinem Austritt eine Temperatur von etwa +4 °Celsius. Stellt man es in die Sonne, wird die negative Energieform* schwächer, bis sie ganz die positive annimmt. Das gleiche gilt bei extremer Kälte und gefrorenem Wasser. Ein weiterer Faktor ist die Bewegung. Eine explosive* Bewegung von innen nach außen verstärkt die positive Energieform. Die negative dagegen wird durch eine implosive* Bewegung von außen nach innen hervorgerufen. Analog dazu wird Anodenwasser durch eine Druck- und Kathodenwasser durch eine Sogbewegung gefördert.[56]

Tabelle 1 gibt einen Überblick über die verschiedenen Eigenschaften und Einflußfaktoren beider Wasserarten.

Wasserleitungen

Die Qualität des Trinkwassers wird auf seinem Weg von der Quelle bis zum Verbraucher durch die Art der Quellfassung bzw. der Wasserleitungen entscheidend beeinflußt. Viktor Schauberger spricht auch bei den Trinkwasserleitungen von den Kapillaren des Bluts* der Erde. Wenn man dessen innere Gesetze nicht beachtet, kommt es zu schädlichen Auswirkungen auf die Leitungsrohre und auf die inneren Stoffwechselvorgänge des Wassers.

In mehreren Schriften gibt Viktor Schauberger Hinweise zu den wasserbaulichen Praktiken vergangener Völker. Einige seiner

Erfindungen lassen sich auf diese Vorläufer zurückführen. Im Zusammenhang mit dem Material von Wasserleitungen erwähnt er wiederholt die Quellfassungen der Römer.
Bei Ausgrabungen alter Römersiedlungen kann man feststellen, daß die Römer in bestimmter Höhe über dem Quellmund auf dem seitwärts abgeebneten gewachsenen Fels eine starke Steinplatte als Abdeckung gelegt haben. Durch ein Loch in dieser Platte wurden die Rohre in der Weise gesteckt, daß keine Luftzufuhr möglich war. Damit blieb die naturräumliche Umgebung der Quellen und die Qualität dieses Wassers gut erhalten. Für die Weiterleitung des Wassers benutzten die Römer Holzrohre oder Naturstein. In anderen Fällen wurden zur Ermittlung des geeignetsten Materials nach religiösem Brauch ins Wasser geworfene Münzen beobachtet. Diejenigen Metalle, welche dem jahrelangen Wassereinfluß am besten widerstanden, wurden zum Leitungsbau verwendet.[57]
Viktor Schauberger hält »gesundes« Holz als Material für Wasserleitungen für hervorragend geeignet. Darunter sind Hölzer aus naturbelassenen Wäldern zu verstehen. In Monokulturen hochgezogene Holzarten sind für Wasserleitungen ungeeignet. Wenn gesundes Holz richtig behandelt wird und die Holzrohre beim Verlegen mit sandigem, nicht mit humosem Material umgeben werden, sind seiner Meinung nach diese Leitungen sogar widerstandsfähiger als Eisenrohre. Grundsätzlich ist jedes naturbelassene Material dem künstlich hergestellten vorzuziehen.
Die meist thermische Behandlung führt zu stark positiven Energieformen des Materials. Der energetische Austausch mit dem Wasser wird immer zu einer Qualitätsminderung des Wassers führen. Holz hat auch den Vorteil, ein schlechter Wärmeleiter zu sein. Durch negatives Temperaturgefälle* hervorgerufene Ausgleichsvorgänge im Wasser können so weitgehend abgeschwächt werden, die Wasserqualität bleibt erhalten.

Eisenrohre als Wasserleitungen hält Viktor Schauberger für ungeeignet: sie rosten. Der Eisenrost führt einerseits zu Querschnittsverengungen der Rohre, andererseits wird zu seiner Bildung ein Teil der Kohlensäure des Wassers verbraucht und dadurch dessen Energieform verschlechtert. Das durch die gute Wärmeleitfähigkeit des Eisens begünstigte negative Temperaturgefälle fördert diesen Effekt. Außerdem wird das Wasser energetisch einen Ausgleich mit dem gebildeten Eisenrost suchen. Da das für die Leitungen verwandte Eisen bei der Herstellung einer thermischen Behandlung unterzogen wurde, ist die natürliche Energieform des Eisenerzes zerstört. Der Ausgleich mit der auf diese Weise entstandenen minderwertigen Energieform des Eisens führt zu einem zusätzlichen Qualitätsverlust des Wassers.[58]

Wasserveredelungsapparate

Die ideale Trinkwassererzeugung geschieht nach Viktor Schauberger in der Erde, sofern deren Wasserhaushalt nicht gestört wird. Oberflächenwasser ist zur Trinkwassergewinnung ungeeignet. Brunnenwasser hat bereits einen teilweisen Reifeprozeß abgeschlossen, hat deshalb eine bessere Wasserqualität als Oberflächenwasser, jedoch nicht die Reife* von Quellwasser. Da Quellwasser nicht für alle Menschen verfügbar ist, trinkt ein Großteil der Bevölkerung unreifes Wasser. Hinzu kommt ein Qualitätsverlust durch ungeeignete Wasserleitungen. Deshalb hat Viktor Schauberger Apparate erfunden, die die Trinkwasserqualität verbessern sollen.

Herkömmlich aufbereitetes Trinkwasser und *Edelwasser** unterscheiden sich grundlegend: Bei der Mineralwasseraufbereitung wird freie Kohlensäure mechanisch unter Druck ins Wasser gebracht. Bei der Edelwasserherstellung wird die Kohlensäure als Folge eines molekularen Umbaus im Wasser gebunden. Das

Abb. 20: Die ersten Wasserveredelungsapparate von Viktor Schauberger

künstlich hergestellte Edelwasser hat dieselben Eigenschaften wie Hochquellwasser. Um dies zu erreichen, kopierte Viktor Schauberger die Arbeitsweise der Natur.

Seine ersten Modelle (Abb. 20) funktionierten folgendermaßen: Sterilisiertes Wasser wird mit einer Salzlösung vermengt. Die Art und Menge der Salze wird jeweils nach der Zusammensetzung des Ausgangswassers bestimmt, außerdem wird Kohlensäure zugeführt. Der Eintrag der Kohlensäure geschieht mechanisch. Der Unterschied zur herkömmlichen Methode besteht in der nachfolgenden Wasserbewegung. Durch mehrere Faktoren wird eine negative Energieform des Wassers herbeigeführt:

- Luft- und Lichtabschluß,
- lange gewendelte Leitungen mit verschiedenen Querschnitten, die das Wasser in eine Wirbelbewegung zwingen,
- Gold- und Silberlamellen und

– eine Abkühlung der Wassertemperatur von +20 °Celsius auf +4 °Celsius.

Durch die Änderung der Energieform des positiven destillierten Wassers in negatives wird die Kohlensäure im Wasser gebunden und fördert damit die Stabilität seiner negativen Energie.
Auf diese Weise wird die Funktion des natürlichen langen Weges des Wassers nachgeahmt.[59]
Die Apparate waren jedoch sehr kompliziert in bezug auf Konstruktion und Betrieb. In einem späteren Modell verzichtete Viktor Schauberger auf den langen Wasserweg zugunsten einer Orientierung des gesamten Geräts an einer natürlichen Form. Diese späte Version zeigt einen Wasserveredelungsapparat in Eiform. Olof Alexandersson berichtet, daß dieser Apparat niemals gebaut wurde, denn die von Viktor Schauberger benutzte Quecksilberdichtung der ersten Apparate war verboten worden, und er hatte dafür keinen geeigneten Ersatz gefunden.[60]
Schauberger gibt jedenfalls in verschiedenen Schriften konkrete Bedienungsanleitungen und auch Berichte über Wirkungsweise und Heilerfolge seines Edelwassers, was aber nicht heißt, daß er tatsächlich dieses Modell realisiert hat.
Er beschreibt einen eiförmigen Kessel, der folgendermaßen zu bedienen sei:

1. Ei bis an den Deckelrand mit abgekochtem Wasser von +27 °Celsius füllen.
2. Eine dunkle Flasche mit Wasser und Calcium, eine zweite mit Wasser und Natriumchlorid, Magnesiumsulfat und Natriumbiphosphat füllen und schütteln, danach in das Ei füllen.
3. Kohlensäure mit Vakuumpumpe einfüllen, bis die Luft herausgedrückt ist.
4. Deckel schließen und Sogwendel bis zu 45 Minuten laufen lassen, Vakuum langsam auf 0,8–0,96 atü steigern, die Umgebung sollte frei von Geruchsstoffen sein.

5. Mindestens 24 Stunden im Ei oder in dunklen Glasgefäßen bei einer Außentemperatur von +4°C nachgären lassen.

Das fertige Wasser enthält nur gebundenen Sauerstoff. Man soll es in kleinen Mengen bei ca. +7°C trinken; bei +9°C beginnt ein Zerfallsprozeß, die Heilwirkung läßt nach 24 Stunden nach.[61]
An anderer Stelle gibt Viktor Schauberger folgende Gebrauchsanleitung für seinen Apparat: Das Wasser wird mit Hilfe eines gewendelten Rührers in die gewünschte zykloide Bewegung versetzt. Steckt man in dieses Wasser ein dickwandiges Glasrohr, dann wird der im Steigrohr befindliche Luftsauerstoff gebunden. Bei Einhalten bestimmter Umdrehungszahlen und Bewegungsrhythmen sowie der Verwendung der richtigen Materialien entsteht ein Wasser, welches im Rohr hochsteigt und dort als künstliche Hochquelle entspringt.[62]
Bei allen Apparaten ist eine ähnliche Wirkungsweise zu erkennen. Das Ausgangswasser hat immer eine stark positive Energieform, wie destilliertes Wasser. Dieses wird mit möglichst vielen negativen Stoffen angereichert (Salze, Kohlensäure, Edelmetalle). Alle anderen Einflüsse unterstützen ebenfalls eine negative Energieform (einspulende Bewegung, Licht- und Luftabschluß, Abkühlung auf +4°Celsius). Je stärker die positive Energie des Rohwassers ist, desto stärker ist der nachfolgende Ausgleichsvorgang*. Die Wasserbewegung wird solange fortgesetzt, bis der Ausgleich zugunsten einer starken negativen Energieform des Edelwassers abgeschlossen ist. Viktor Schauberger schreibt über die Wirkungsweise des Edelwassers:

Auf diese höchst einfache Art und Weise ist es gelungen, nur die edelsten Stoffe ins Wasser zu binden und dem Körper die Funktion eines Schlammsackes zu ersparen.
Die erste logische Folge war eine Entschlackung des Organismus, weil das hochaktive Wasser selbst die kristallinischen Schlacken löst und aus dem Körper hinaus führt und die zweite logische Folge-

erscheinung war ein hochwertiger organischer Strahlungsumbau und dadurch der Aufbau hochwertiger Gedanken, mit denen man alle weiteren Naturvorgänge erfassen kann.[63]

In diesem Zitat zeigt sich wiederum sein ganzheitliches Verständnis vom menschlichen Organismus. Die stoffliche Entschlackung des Körpers führt zu einer energetischen Reinigung.
Viktor Schauberger berichtet, daß er zu Beginn der 30er Jahre in Wien größere Mengen Edelwasser hergestellt hat. Das Wasser hat unerklärliche Heilerfolge hervorgerufen und zahlreiche Menschen von Syphilis, Malaria, Nieren- und Gallenleiden befreit. Es bildeten sich immer wieder Menschenansammlungen vor der Ausgabestelle, bis die österreichische Polizei eingriff und den Apparat beschlagnahmte.[64]

8. Naturnahe Landwirtschaft

Die verschiedenen Wasserarten haben auf die Qualität menschlichen Lebens und auch auf Tiere und Pflanzen einen entscheidenden Einfluß. Viktor Schaubergers Theorien zur Landwirtschaft beruhen auf seinen Wasserbeobachtungen.

Das Tonsingen

Als er seine Försterlaufbahn begann, besuchte er auf seinem Reviergang regelmäßig einen alten Bauern, der in der ganzen Gegend verspottet wurde. Obwohl dessen Ackerland schlechter war als das der Nachbarn, erwirtschaftete er auffallend höhere Erträge. Viktor Schauberger wollte die Ursachen dieses Mehrertrags erfahren und beobachtete den Bauern unbemerkt, als dieser vor einem großen Holzfaß stand, darin mit einem riesigen Holzlöffel rührte und dazu sang.

Dabei war es kein richtiges Lied, sondern eine an Vokalen reiche Tonleiter, die er bis zur Fistelstimme steigerte, um sie dann bis zu einem Brummbaß wieder abklingen zu lassen. Dabei war er über das Faß gebeugt und sang laut in das Faß hinein.

Wie Viktor Schauberger berichtet, hatte der merkwürdige Gesang einen bestimmten Rhythmus. Wenn der Bauer die Tonleiter abwärts sang, rührte er nach rechts. Sang er die Tonleiter anders herum, änderte er auch die Rührrichtung. In dem Faß befand sich klares Wasser, in das der Bauer von Zeit zu Zeit kleine Lehmklumpen warf. Viktor Schauberger schaute verwundert hin, bis der Bauer aufhörte und sagte: »So, nun kann es gären.« Viktor

Schauberger verstand zwar den Vorgang nicht, war aber neugierig und bat den Bauern um eine Erklärung. Während des Gesprächs begriff er, daß das Verrühren die Energieform des Wassers beeinflussen sollte. Die Wechselwirkungen zwischen Wasser, Lehm, Gesang und Rührbewegung sind so abgestimmt, daß eine neutrale Energieform erreicht wird.

Dieses neutral gespannte Wasser wird nach dem Eggen mit sogenannten Palmbuschen auf das besäte Feld gesprengt. Die Egge hat keine Eisenzähne, sondern solche aus Holz. Der Vorgang ähnelt dem Sinne nach der Feldweihe. Das Wasser verdunstet und ungemein feinste Kristallteilchen bleiben als negativ geladene Trägerstoffgebilde zurück. Von allen Seiten ziehen sie Strahlen an und geben umgekehrt solche nach allen Seiten ab.

Diese Technik war als *Tonsingen** bekannt. Man behauptete, die auf diese Art bewirtschafteten Böden würden einen Mehrertrag von 30 Prozent erbringen.[65]
Viktor Schauberger benutzt den Ausdruck neutrale *Spannung**. In bezug auf Wasser ist vermutlich das gemeint, was bereits als Energieform* definiert wurde. Der Begriff Spannung wird von ihm für alles, was existiert, gebraucht, und der von ihm verwendete Begriff *Ladung** umschreibt den energetischen Zustand eines Stoffes oder bestimmten Aspektes eines Lebewesens. Ein Stoff kann positiv, negativ oder neutral gespannt beziehungsweise geladen sein. Ebenso ist beispielsweise die Atmosphäre positiv geladen und die Geosphäre negativ gespannt. Die feine Wasserschicht auf dem Acker bildet eine Art neutrale Schutzschicht zwischen beiden.

Das Sonnenpflügen

Viktor Schauberger erklärt, daß eine Befruchtung* der im Boden enthaltenen Samen stattfindet, wenn die Sonne* im rechten

Winkel zum Samen steht. Das *Sonnenpflügen** ist eine alte Bodenbautechnik, bei der die Furchen und Rillen in der Weise gezogen werden, daß deren Längsachsen im rechten Winkel zum Sonnengang liegen. Wenn die Sonne gegen Mittag am höchsten steht, erreicht sie im rechten Winkel die Samen eines in nord-südlicher Richtung gepflügten Ackers. Sind die Furchen dagegen ost-westlich ausgerichtet, verhindert der Boden selbst die rechtwinklige Sonneneinstrahlung in der tieferliegenden Rille. Die Ausrichtung der Furchen hat nach Viktor Schauberger einen größeren Einfluß auf das Pflanzenwachstum als beispielsweise die Düngung.[66]
Die Rolle der *Sonne** bei der Befruchtung ist also die der Aktivierung. Viktor Schauberger bemerkt in diesem Zusammenhang, daß die Sonne nicht – wie herkömmlicherweise angenommen wird – ein Feuerball ist, sondern eine Konzentration kalter Energien. Viktor Schauberger begründet das, indem er zwischen Licht und Wärme unterscheidet. Je stärker das Licht ist, desto kälter ist die Luft.

Wenn sich der vermeintliche Glutball im Winter nähert, dann wird es eisig kalt und im Hochsommer wird es infolge der Entfernung der vermeintlichen Glutpfanne drückend heiß. Die Lichtintensität nimmt mit der Abkühlung zu und nimmt mit zunehmender Erwärmung ab. Nahe der Sonne finden wir die Gletscher und in den Talniederungen die wasserlose Wüste.[67]

Der Spiralpflug

Aus der Beobachtung in der Natur, daß der Maulwurf mit verhältnismäßig wenig Kraft in Sekundenschnelle ein Vielfaches seines Körpergewichts an Erdreich bewegt, entwickelte Viktor Schauberger einen Pflug, der die Schaufelbewegung des Maulwurfs nachahmt.

Olof Alexandersson beschreibt die Wirkungsweise des von ihm als *Spiralpflug** (Abb. 22) bezeichneten Bodenbearbeitungsgeräts folgendermaßen:

Das Prinzip seiner Arbeitsweise war derart, daß er die Erde ungefähr auf die gleiche Weise bearbeiten sollte, wie sich ein Maulwurf vorwärts gräbt. Durch die Form der Pflugschar und der Wendescheiben sollte dieser Pflug die Erde beinahe widerstandslos umdrehen, wodurch man ohne Druck- und Reibungskraft mit nachfolgender Aufwärmung im Gegensatz zu den herkömmlichen Pflügen arbeiten könne. Der Spiralpflug ist nicht für Tiefpflügen vorgesehen, sondern nur für eine oberflächliche Bearbeitung der Erde.[68]

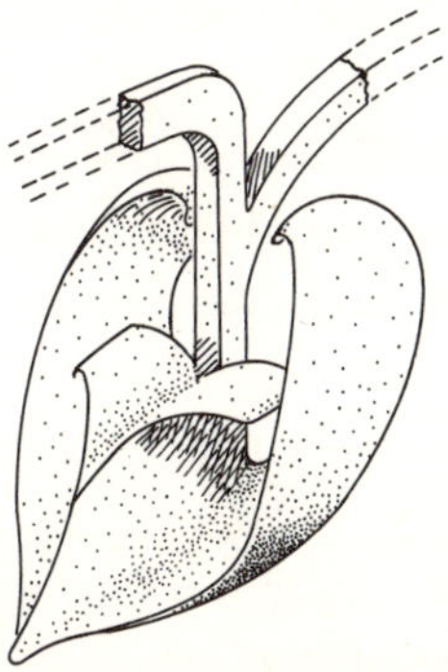
Abb. 22: Der Spiralpflug

Die Schnittflächen sind aus Kupfer und haben scharfe Schnittkanten. Dieser Pflug existiert lediglich als Modell, es ist relativ einfach in Form und Bauart. In der Primärliteratur sind Zeichnungen anderer Modelle enthalten, die aufgrund ihrer aufwendigen Formgebung kaum realisierbar erscheinen.

Viktor Schauberger erklärt die Vorteile seines Pflugs so: Bei der Bodenbearbeitung mit einem herkömmlichen Pflug entsteht starke Reibung mit der Erde, folglich Wärme. Die optimale Temperatur der Keimzone von +4°Celsius kann nicht gehalten werden. Gleichzeitig entsteht elektrischer Strom mit anschließender Elektrolyse. Beide Vorgänge fördern die Verdunstung. Die natürliche Bodenfeuchtigkeit ist gestört.[69]

Kupfergeräte

Neben der Form der Bodenbearbeitungsgeräte interessierte sich Viktor Schauberger auch für das verwendete Material. Durch mechanische Abnutzung der Geräte werden kontinuierlich Spurenelemente in den Boden eingebracht. Besteht der Pflug aus Eisen oder Stahl, wird im Boden Rost angereichert. Während beispielsweise Kupfer, Zink und alle Edelmetalle die natürliche Fruchtbarkeit erhöhen, bewirkt Eisen genau das Gegenteil. Nach Viktor Schauberger strahlen Edelmetalle negative Energien aus, die die negative Eigenspannung des Bodens steigern. Dies setzt Schauberger gleich mit einer erhöhten Bodenfruchtbarkeit. Eisen dagegen geht eine Bindung mit dem positiven Luftsauerstoff ein, in deren Folge positive Energien in Form von Rost im Boden angereichert werden. Die negative Spannung des Bodens wird schwächer, das heißt, die natürliche Fruchtbarkeit wird vermindert, und der Boden trocknet aus.

Auf der Suche nach geeignetem Material für landwirtschaftliche Geräte beobachtete Viktor Schauberger wiederum die Natur. Er verglich Minerale und Erze in bezug auf ihren Wassergehalt und die Fruchtbarkeit der Region ihrer Vorkommen: Zum Beispiel hat Malachit, ein Kupfermineral, einen hohen natürlichen Wassergehalt.[70]

Viktor Schauberger entwickelte Zusätze aus Kupfer und Kupferlegierungen für Egge und Pflug, die er patentieren ließ. Zahlreiche Versuche mit diesen Zusatzgeräten bestätigten seine Theorien: Die Ertragssteigerungen von Roggen, Gerste, Hafer und Kartoffeln betrugen zwischen 25 und 50 Prozent, die Getreidequalität war deutlich besser, die Kartoffeln waren größer und der Unkraut- und Schädlingsbefall geringer.

Bei einer amtlichen Begehung der Bauernhöfe einer Gemeinde wurde das Getreide eines Hofs als das beste in der Gegend bezeichnet. Auf diesem Hof waren die von Viktor Schauberger entwickelten Kupfer-Zusatzgeräte benutzt worden, was der Amtsangestellte nicht wußte.[71]

Walter Schauberger und Daniel Swarovski entwickelten die Kupfergeräte nach den Vorstellungen Viktor Schaubergers weiter. Die folgenden Auszüge stammen aus ihrer gemeinsamen Patentschrift »Bodenbearbeitungsgeräte, insbesondere für die Land-, Forst- und Gartenwirtschaft« aus dem Jahr 1958:

Im Sinne der Erfindung wird angestrebt, daß möglichst viele Elementarstoffe mit den Geräten in den Boden, von dort in die Pflanzen und gegebenenfalls auf dem Umweg über damit gefütterte Tiere (Milch, Schlachtvieh u. a.) bzw. auch unmittelbar durch pflanzliche Nahrung in den menschlichen Körper gelangen. Diese Übertragung gereicht naturgemäß auch den verschiedenen Zwischenträgern zum Nutzen.
Die Spurenstoffe beeinflussen bekanntlich schon in geringsten Mengen das Pflanzenwachstum.
Die Erfindung setzt voraus, daß für ein gesundes Pflanzenwachstum Wechselwirkungen zwischen verschiedenen Spurenelementen im Boden notwendig sind. Daher sollen durch den Abrieb möglichst viele der nach Meinung der Erfinder zusätzlich zum Kupfer in Frage kommenden Elemente in den Boden gelangen. Gewünscht sind insbesondere Platin, Gold und Silber.[72]

Viktor Schauberger hat weitere Methoden beschrieben, wie in vergangenen Kulturen der Boden mit einfachen Mitteln bearbeitet wurde. Wenn ein Boden seine natürliche Fruchtbarkeit verliert, kann auf ihm nur qualitativ schlechtes Obst, Gemüse und Getreide wachsen. Dient dieses als Tierfutter, wird das Vieh krank. Menschen, die Nahrungsmittel von kranken Pflanzen oder Fleisch von kranken Tieren essen, werden ebenfalls krank.

Edelkompost

In einzelnen Primärtexten gibt es vielfältige Beschreibungen von Techniken, die eine Qualitätssteigerung des Bodens zum Ziel haben. Das zugrundeliegende Prinzip ist immer das gleiche: Die natürliche negative Spannung der Erde wird erhalten beziehungsweise gesteigert. Mit der Bildung von Humus durch Kompostierung wird eine Lebensquelle geschaffen. Viktor Schauberger unterscheidet zwischen *Verwesung** und *Verrottung**. Bei der Verwesung handelt es sich um eine warme Oxidation*, deren Endprodukt eine positive Ladung besitzt. Beispiele dafür sind auf der Straße verendende Tiere, Stallmist oder verfaulende Pflanzenreste.

Bei der Verrottung entsteht im Prozeß einer kalten Oxidation* negativ geladener Humus. Als Beispiele wären zu nennen: ein belüfteter Komposthaufen, ein Hügelgrab oder die Gesteinsverwitterung mit anschließender Bodenbildung.[73]

Ebenso zählt dazu die Herstellung von *Edelkompost**. Edelkompost ist immer das Produkt einer Verrottung und hat eine stark negative Ladung. Nach Schaubergers Anleitung wird er folgendermaßen hergestellt: Unter einem tiefwurzelnden Baum, möglichst einem Obstbaum, wird eine kreisförmige Grube ausgehoben, ohne die Baumwurzeln zu beschädigen. Der Baumstamm wird mit Papier, Rinde oder ähnlichem Material so umwickelt, daß ein diffuser Luftschacht erhalten bleibt. In die Grube wird eine 40 bis 50 Zentimeter hohe Schicht aus Pflanzenabfällen gefüllt, aus frischgemähtem Gras, frischen Obst- und Gemüseschalen, vermischt mit Blättern oder Stroh der Pflanzen, die man gezogen hat und später wieder ziehen will. Auf diese Schicht kommt ein Kupfer- und Zinkstaubbelag, den man beispielsweise durch Abfeilen von Kupfer- und Zinkresten erhält. Eine minimale Menge reicht aus. Hinzugefügt werden auch Salz und Zucker in ganz geringen Dosen. Danach wird alles in der Grube fest zusammengetreten und mit einer etwa 20 Zentimeter dicken Erdschicht bedeckt. Die Erde soll möglichst mit dem Sand eines anderen Standorts, zum Beispiel aus einem Bachbett, ver-

Abb. 23: Regenwürmersanatorium

mischt werden. Darauf kommt als Regenschutz eine wasserdichte Abdeckung.

Der Komposthaufen ruht solange, bis erneut frische Garten- und Küchenabfälle anfallen, die in der gerade beschriebenen Art und Weise eine weitere Auflage ergeben, auf die wiederum Erde geschichtet wird usw. Je höher der Haufen wird, desto kleiner wird der Radius der jeweiligen Schicht, so daß der gesamte Kompostkörper eiförmig ist. Schließlich wird das obere Luftloch mit Laub verstopft und der ganze Haufen glattgeklopft. Wenn der Baum sein Laub verliert, wird der Komposthaufen damit zugedeckt. Charakteristisch für den Kompost ist eine reiche Besiedlung mit Regenwürmern. Daher kommt der von Viktor Schauberger geprägte Name *Regenwürmersanatorium**. Ein solches ist in Abbildung 23 dargestellt.[74]

Viktor Schauberger benennt einige entscheidende Unterschiede zu anderen Düngungsarten: Bei der Stallmistdüngung entstehen Verwesungen, also warme Oxidationen. Der Dünger hat eine positive Ladung und strebt einen Ausgleich mit der negativen Spannung des Bodens an. Die langfristige Folge für den Boden ist ein Verlust seiner natürlichen negativen Ladung. Edelkompost dagegen steigert die negative Bodenspannung. Auch dieser Kompost entwickelt vorübergehend Wärme. Die äußeren Faktoren sind jedoch so, daß letztendlich die negative Energie überwiegt (Lichtabschluß, Bodennähe, kühle Temperaturen, negativ gespannte Spurenelemente). Das ist es, was Viktor Schauberger als einen kühlen Prozeß bezeichnet. Nach einigen Monaten ist der Kompost fertig. Er wird mit einer rostfreien Schaufel in einer 0,5 Zentimeter dicken Streuschicht auf das Feld gebracht und sofort untergepflügt.[75]

II. Die Prinzipien: Polarität und Steigerung

Goethe sagt: »Die Triebräder der Natur sind die Polarität und die Steigerung und wer genügend zu lösen versteht, auch genugsam zu binden vermag.« Was im Lichte geboren, zerfällt in der Kühle des Bodens, steigt auf und kommt als Strahl wieder, um das zu beleben, was an der Grenze zwischen Raum und Volumen zu neuem Leben bereit steht.[76]

9. Polarität

Viktor Schauberger hat seine Erkenntnisse über das Wasser auf alle Bereiche in der Natur übertragen. Er verfaßte detaillierte Abhandlungen über die Befruchtung von Samenzellen, das daraus entstehende Leben und das Wachstum von Pflanzen. Was Wachstum und Qualitätsverbesserung des Bodens betrifft, beruft er sich auch auf Theorien von Johann Wolfgang von Goethe:

Die Faustsche Dichtung und die Naturbetrachtungen Goethes als beste Biologie zu betrachten, ist für einen Techniker, Chemiker und Physiker schlecht vorstellbar. Faßt man aber den Sinn des Lebens dahin auf, ein kleines Stückchen Erde urbar zu machen, dann wird die überzeugende Intuition dieses deutschen Dichterfürsten im biologischen Auffassungssinn ohne weiteres verständlich.[77]

In Anlehnung an Goethe benutzt Viktor Schauberger die Begriffe Polarität* und Steigerung*, um Ablauf und Sinn sämtlicher Vorgänge in der Natur zu erklären.

Die Befruchtung

Ein naturnah produzierender Landwirt sorgt in erster Linie dafür, die negative Spannung des Bodens zu erhalten bzw. zu steigern. Galvanische Bodenelemente, zum Beispiel Kupfer, strahlen radial. Viktor Schauberger bezeichnet dieses Bodenelement als eine Art Geokathode, das heißt ein negativer Pol, der ständig breitseitig Strahlen aussendet. So begründet er die natürliche negative Spannung des Bodens. Die Atmosphäre dagegen hat eine natürliche positive Spannung*. In der oberen Bodenschicht kreuzen sich die negativen Bodenspannungen mit den positiven Sonnenstrahlen. Dieser Moment der Kreuzung von negativer und positiver Energie ist das, was Viktor Schauberger unter *Befruchtung** versteht.

Ein gesunder Boden enthält eine hochfrequente, sich waagerecht ausbreitende Spannung. Hier befindet sich die Keimzone, in der die Befruchtung stattfindet. Die Keimzone beinhaltet den gesamten Wurzelraum der Vegetation und bildet eine Art Entwicklungszone zwischen der negativen Geosphäre und der positiven Atmosphäre. Diese Definition von Befruchtung kann auf jede Lebensform übertragen werden. Viktor Schauberger bezeichnet die negativen Spannungen als *Fruchtstoff** und die positiven als *Befruchtungsstoff**. Er beschreibt die Befruchtung auch als eine Begegnung, bei der die Samen als die weibliche Komponente passiv in der Mutter Erde darauf warten, daß die aktiven männlichen Sonnenstrahlen in sie eindringen. Die Erde enthält folglich *Mutterstoffe** und die Luft *Vaterstoffe**.

Damit wird Viktor Schaubergers Sprachgebrauch etwas klarer: Die negativen Spannungen der Erde nennt er mütterliche Geothermen, die positiven der Atmosphäre väterliche Sonnenstrahlen.

Für die Befruchtung ist außerdem notwendig, daß sich die Spannungen im rechten Winkel treffen.[78]

Spannungsunterschiede ermöglichen Leben

Bei der Befruchtung verbinden sich die entgegengespannten Stoffe. Dabei gleichen sie ihre Ladungen aus. Je nach der Stärke der beteiligten Ladungsträger ist das Produkt dieses Spannungs-

ausgleichs größer oder kleiner. Dieses Entspannungsprodukt ist es, was Viktor Schauberger mit *Lebenskraft** meint.[79]
Grundlage sämtlicher Bewegungen in der Natur sind Temperatur- und *Spannungsunterschiede**. Jede Lebenserscheinung führt er letztendlich auf Spannungsausgleiche zurück. Die Erde versteht er als Urquell aller Spannungsvorgänge. Ein gesunder Boden hat eine hohe Spannung. Wird das Spannungsverhältnis in der Erde seinem natürlichen Rhythmus entsprechend erhalten und gesteigert, kann man ein vermehrtes Wachstum von Flora und Fauna beobachten.
Unterirdische Wasserkanäle beispielsweise oder Wassergruben mit einem bestimmten Längs- und Querschnitt sind vergleichbar mit elektrischen Elementen im Boden. Von ihnen geht horizontal eine Strahlung aus, die im umliegenden Boden ein schichtartig gelagertes magnetisches Spannungsfeld erzeugt. Oberirdische Wasserkanäle dagegen entspannen den Boden.[80] Je höher der als Produkt der Kreuzung der verschiedenen Spannungsarten entstandene Spannungsdruck ist, desto höherentwickelt ist das daraus entstehende Leben. So erklärt Viktor Schauberger den starken Druck der Wüstenpflanzen als eine Folge der starken positiven Spannung der Wüstensonne:

Ein etwa 80 Zentimeter über dem Boden abgeschnittener Weinstock zeigt, wie alle Pflanzen, die Erscheinung des Blutens. Dabei wird der Saft mit einem Druck herausgepreßt, der die Quecksilbersäule eines Barometers um 112 Millibar hebt. Wüstenpflanzen erzeugen »plasmolyse« Druck- und Zugkräfte, die mehr als 100 atü betragen.[81]

Olof Alexandersson hat versucht, Spannungsunterschiede in Bäumen mit einem Galvanometer zu messen. Die sensible Reaktion auf scheinbar unbedeutende Eingriffe bis hin zum Polaritätswechsel zeigt folgende Beobachtung: Um einen Meßbaum hatte er ein Seil locker gebunden und zum Schutz der Borke eine

Wolldecke zwischen Seil und Baum gelegt. Während das Galvanometer vorher eine positive Spannung anzeigte, wechselte die Spannung mit Anlegen des Seils sehr kräftig in den negativen Bereich. Nach Entfernen des Seils zeigte das Galvanometer mehrere Stunden lang einen im Vergleich zum vorherigen positiven Wert konstant relativ hohen positiven Ausschlag.[82]

Wachstum

Die Lebenskraft* beinhaltet eine energetische und eine stoffliche Komponente, *Levitation** und *Gravitation**, die nach dem Prinzip der Polarität gleichzeitig auftreten. Beide bedingen sich gegenseitig. Dahinter verbirgt sich die Idee, jedes Lebewesen besteht aus Körper und Seele. Nur beide gemeinsam ermöglichen Leben. Die Levitation im Sinne Viktor Schaubergers ist der Teil der Lebensenergie, der als Strahl aufsteigt. Die Gravitation ist der Teil, der sich als Stoff manifestiert. Je größer die Spannungsunterschiede zwischen Frucht- und Befruchtungsstoff waren, desto stärker sind die daraus hervorgegangene Levitation und Gravitation. Geht man davon aus, daß Leben aus Schwingung besteht, beinhaltet der energetische Teil die relativ höchste Schwingung mit der relativ geringsten Dichte. Der stoffliche Teil der Lebenskraft dagegen hat eine relativ schwache Schwingung und hohe Dichte. Nur dieser Aspekt ist für das menschliche Auge sichtbar. Viktor Schauberger erklärt *Wachstum** als das Verdichten von Lebenskraft zu Materie.[83]

Verschiedene Faktoren beeinflussen das Pflanzenwachstum. Als qualitätssteigernd betrachtet er den Einsatz von Kupfer: Kupferplatten erzeugen unter Lichteinfluß elektrische Ströme. Im Boden vorhandenes Kupfer produziert Schwachstrom, der in den Kambiumring der Pflanze geleitet wird und dort zu deutlich vermehrtem Wachstum führt. Dieser Effekt ist zeitlich nahezu unbegrenzt, solange das Kupfer mit seiner Energie in Kontakt mit Wärme bzw. Licht steht.

Die Kunstdüngung dagegen hält er für qualitätsmindernd: Durch Kunstdüngereintrag wird die Erde entspannt. Die durch diese Entspannung kurzfristig im Boden provozierten Ausgleichsvorgänge* führen zu einer kurzfristigen erhöhten Energiefreisetzung. Das Produkt der freigesetzten Energie ist ein gesteigertes Pflanzenwachstum. Eine Folge dieser Ausgleichsvorgänge ist eine vorübergehende teilweise Entspannung. Alle Stoffe, welche nicht levitiert sind, verdichten sich zu physischen Formen. Sobald der Ausgleich erreicht und die Erde entspannt ist, hört die Pflanze auf zu wachsen. Erst durch weitere Kunstdüngergaben wird der beschriebene Prozeß erneut angeregt.[84]

Während durch Geokathoden wie Kupfer unentwegt ein radiales Feld aufgebaut wird, welches die Bodenspannung erhöht, erzeugt Kunstdünger geradezu den umgekehrten Effekt: Im Kunstdünger enthaltene Stoffe sind durch vorherige chemische Behandlung ihrer negativen Energien entladen und nahezu einpolig positiv. Diese Stoffe ziehen die negativen Bodenenergien an und erzeugen, ähnlich wie Kupfer, den beschriebenen Wachstumsprozeß. Es handelt sich jedoch um einen einmaligen kurzfristigen Vorgang, welcher mittel- bis langfristig dem Boden die gesamten Energien nimmt und das natürliche Spannungsfeld zerstört. Die Konsequenzen sind weitreichend: Das Grundwasser kann seine innere Spannung nicht halten, der Grundwasserspiegel sinkt. Die gesamte Dynamik eines Waldes oder einer Kulturlandschaft ist in ihrem natürlichen Gleichgewicht gestört. Im Extremfall kann es zu Wüstenbildungen, Sand- und Staubstürmen kommen.[85]

Folgender Versuch, von dem Aloys Kokaly berichtet, bestätigt Viktor Schaubergers Theorie, daß die Bodenspannung das Pflanzenwachstum beeinflußt: In einem Jahr wurden mehrere junge Weinstöcke gepflanzt. Neben einem dieser Weinstöcke wurde ein Tontopf (ohne Loch) so tief in das Erdreich gegraben, daß sein Rand mit der Erdoberfläche plan abschloß. In den Topf wurden Kupfer- und Zinkplatten gelegt, danach wurde er mit Regenwasser gefüllt und abgedeckt. Bei einem anderen Weinstock wurde ein Parallelversuch durchgeführt, mit dem Unterschied, daß anstelle des naturbelassenen Tontopfs ein glasierter Topf benutzt wurde. Der Weinstock in der Nähe des glasierten Topfs ließ in seinem Wachstumsverhalten keinen Unterschied im Vergleich zu den übrigen erkennen. Der Weinstock bei dem naturbelassenen Tontopf hingegen trug als einziger im gleichen Jahr Trauben und zeigte ein deutlich kräftigeres Wachstum. Der größte Teil seiner Wurzeln wickelte sich um den Topf. Nach drei Jahren erreichte der Weinstock eine Höhe von zweieinhalb Metern.[86]

Die Isolierhaut der Erde

Damit eine Befruchtung* stattfinden kann, müssen die Fruchtstoffe vor den Befruchtungsstoffen durch eine Art Isolierschicht geschützt werden. Nur dann haben sie die notwendige negative Eigenspannung, die einen Aufbau höheren Lebens ermöglicht. Viktor Schauberger erwähnt diese *Isolierhaut** der Erde in vielen seiner Schriften und warnt immer wieder vor ihrer Zerstörung durch Kahlschlag, Kunstdünger und bestimmte land- und forstwirtschaftliche Techniken. Er beobachtete, daß die Wärme vor Sonnenaufgang einer auffallenden Kühle weicht, sobald die ersten Sonnenstrahlen auf freie Bodenflächen fallen und die Windrichtung wechselt. Kommt die Sonne, scheinen die Pflanzen zu weinen.[87]

Beim Eindringen der positiven Sonnenstrahlen in den ungeschützten negativ gespannten Boden findet ein Ausgleich statt, dessen Ergebnis vorübergehende Kühle und Wasserentzug ist. Ein Schutz der negativen Bodenenergie durch die Isolierhaut verhindert das Austrocknen. Die positiven Strahlen werden gefiltert, und die Befruchtung erfolgt. Wasser, welches nach der Methode des Tonsingens* auf das Feld gebracht wird, bildet auf diese Weise eine neutral gespannte Isolierhaut:

Es bildet sich zwischen Geosphäre und Atmosphäre ein ungemein feinmaschiges, hautartiges und violettschimmerndes Netz, das nur höchstwertige Ein- und Ausstrahlungen durchläßt. Dieser sich selbst bildende Überzug ermöglicht eine so hochwertige Diffusion (Ein- und Ausatmung), daß solche Böden selbst in trockenster Jahreszeit kühl und feucht bleiben. Bei dieser Temperatur erhalten die Fruchtstoffgebilde ihre höchste Spannkraft, die Befruchtungsstoffe dagegen ihre relativ tiefste Passivität.[88]

Die Polarität des Seins

In der Erde entstehen alle Lebensformen. In ihr kreuzen sich während der Befruchtung positive und negative Spannungen. Der Ausgleich der Spannungsunterschiede* hat zweierlei Konsequenzen: Ein Teil der Lebenskraft* steigt in levitierter Form auf und führt zur Bildung neuen Lebens. Der andere materialisiert sich als Pflanzenwachstum. Beim Abbau toter organischer Substanz wird der Körper bei der Kompostierung in seine Bestandteile zerlegt und so erneut dem Kreislauf zugeführt. In Abbildung 24 wird versucht, Schaubergers Erklärungen einander zuzuordnen.

Viktor Schauberger hat wiederholt auf die Bedeutung des Prinzips von *Polarität** hingewiesen. Dieses äußert sich sowohl in den Geschlechtern, männlich/weiblich, und den dazugehörigen Energien als auch in der gleichzeitigen Existenz von Körper und Seele. Mit der Polarität erklärt er viele Naturerscheinungen,

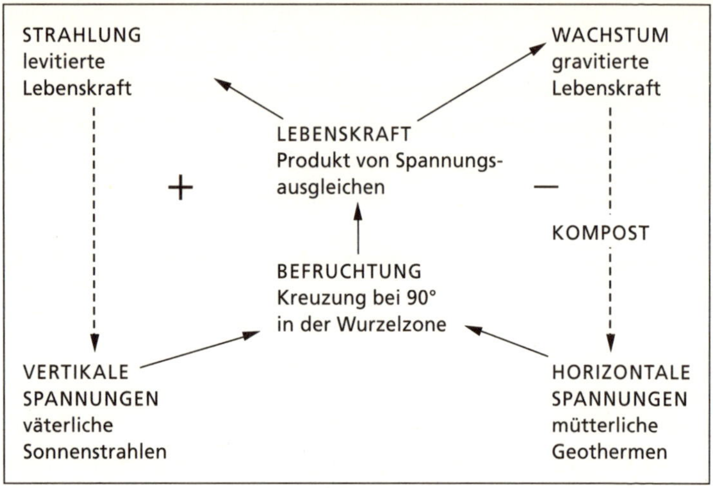

Abb. 24: Die Polarität des Seins

u. a. das »Klettereis«. Hierbei handelt es sich um das Phänomen, daß ovale Steine eines Gewässers in eiskalten Nächten an die Wasseroberfläche schweben, während die eckigen Steine am Grund regungslos liegenbleiben. Steine im Wasser unterliegen ständiger Reibung. Bei dem dabei stattfindenden Ausgleich zwischen Wasser und Steinen kühlt sich das Wasser ab, die Steine laden sich energetisch auf, die Kanten verwittern. Nach Viktor Schaubergers Erklärung wird die negative Energie der ovalen Steine durch die Kälte aktiviert. So können die spezifisch schweren Steine die Schwerkraft überwinden und an die Oberfläche steigen. Die eckigen Steine können diese Bewegung nicht machen, da ihre innere negative Energie noch nicht stark genug ist.[89]

Etwas Ähnliches gilt seiner Meinung nach in umgekehrter Weise für die an der Oberfläche der Polarmeere auftretenden Wärmeerscheinungen, die wiederum im Gegensatz zu dem am Meeresgrund der Äquatorialmeere auftretenden Kälteerscheinungen stehen. Viktor Schauberger behauptet, Meeresströme sind die logische Folge von Ausgleichsvorgängen innerhalb des Wassers. Deshalb gibt es im Norden warme und am Äquator kalte Ströme. In der Atmosphäre bewirkt das gleiche Prinzip an den Polen kalte und am Äquator warme Luft. Dort, wo Atmosphäre und Meere sich kreuzen, findet eine Befruchtung* statt. Das Produkt dieser Befruchtung ist die Entwicklung neuer Lebensformen. Nach Viktor Schauberger ist die Erdoberfläche aus der Kreuzung von Meeren und Atmosphäre entstanden und verändert sich unter deren Einfluß ständig.[90]

10. Steigerung I: Die Dynamik des Lebens

In den vorangegangenen Abschnitten wurden Viktor Schaubergers Erkenntnisse zu einzelnen Aspekten dargestellt. Dieser Abschnitt nun ist der Versuch einer Synthese, in der ein Teil der in den Primärtexten enthaltenen Querverbindungen zur allgemeinen Erklärung von Leben und Tod einbezogen werden.

Jede Änderung der Sphäre [schreibt Viktor Schauberger] verändert äußere und innere Gesamtverhältnisse, ändert das Gewicht und die innere Strahlungsintensität des Wassers und damit die Bewegungsrichtung des Trägers des Lebens.

Nach Schauberger führen also Veränderungen der Energieform des Wassers zu Störungen im gesamten Lebensprozeß:

Das Schwinden des Wassers respektive seine substantielle Umwandlung ist ein sehr ernstes Warnungszeichen, weil sich mit der inneren Zusammensetzung auch der Charakter des Wassers und damit der Charakter aller Lebensformen, einschließlich der Menschen, ändert.[91]

Walter Schauberger interpretiert die Vorstellungen seines Vaters etwa folgendermaßen: Das menschliche Leben ist mit der Umwelt untrennbar verknüpft. Der Glaube an ein mechanistisches Universum führt in eine allgemeine geistige und moralische Verödung. Ursachen vieler Umweltprobleme liegen in dem Verhalten der Menschen gegenüber der Natur. Die untrennbare Verbindung des Individuums mit dem Ganzen muß von jedem Menschen als Lebensvoraussetzung anerkannt werden. Auf dieser Grundlage sind die Zusammenhänge sämtlicher Naturprozesse zu verstehen.[92]

Körper und Energie

Alles, was existiert, ob Stein, Pflanze, Tier, Mensch, Planet oder Stern, ist nach den Vorstellungen Viktor Schaubergers ein Organismus mit Körper und Seele. Jeder Licht- und Wärmestrahl bedarf einer Körperform, in der er sich bilden kann. Ein Organismus ist eine Körperform, in der sich Leben organisiert. Überall, auch in der scheinbaren Leere, ist Leben. Jeder körperlichen Daseinsform steht eine seelische Form, das Licht, die Strahlung, gegenüber. Jede Entwicklungsform ist also körperlicher und seelischer Natur.

Alle Körper haben eine innere Energie, die sie auf- und umbaut. Stirbt ein Lebewesen, so wird jene Energie freigesetzt, die in seiner Körperform organisiert war. Diese Energie geht niemals verloren. Sie wird in den Wasserkreislauf aufgenommen und durch ihn zu neuem Leben geführt. (In späteren Schriften erwähnt Viktor Schauberger als dritte Komponente den Geist. In vorliegendem Buch beschränkt sich die Verfasserin auf die stoffliche und energetische Ebene.)

Nach den Vorstellungen Viktor Schaubergers haben jede Neubildung und jeder Aufbau ihren Ursprung im Wasser. Wasser in Verbindung mit Erde ist die Voraussetzung für pflanzliches Leben. Jede höhere Vegetationsform baut sich gesetzmäßig auf der ihr vorangegangenen auf. Aufbau und Erhalt der verschiedenen Vegetations- und Körperformen sind die Brücken für Aufbau und Erhalt der Energien.[93] Treffen zwei Lebensformen zusammen, geschieht das, was Viktor Schauberger als *Ausgleichs-*

*vorgang** bezeichnet. Dieser hat Auswirkungen auf die Körperform und die in ihm enthaltene Energie.

Das von Goethe formulierte Prinzip von Polarität* und Steigerung wird am Beispiel des Wassers verdeutlicht: Kommt Regenwasser in Kontakt mit Oberflächenwasser, dann treten zwei positiv geladene Wasser miteinander in Ausgleich. Das so entstehende Wasser hat ebenfalls eine positive Ladung (Abb. 25).

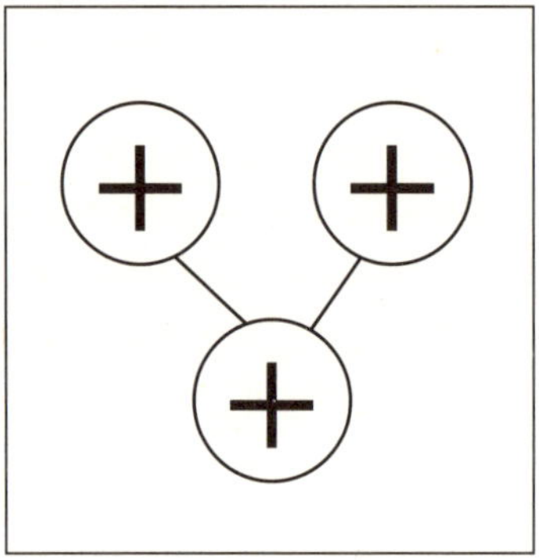

Abb. 25: Ausgleich positiver Ladungsträger

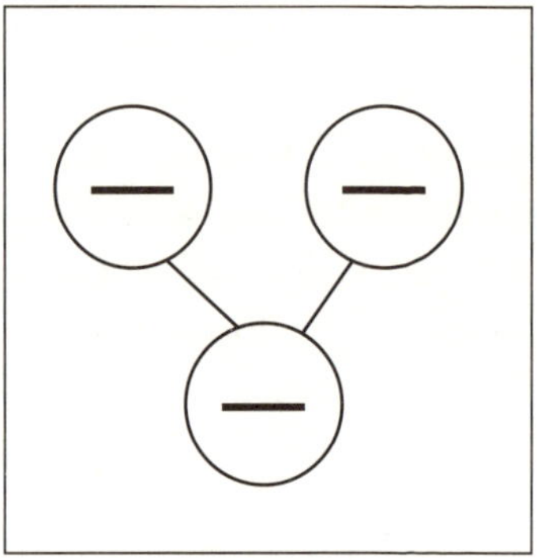

Abb. 26: Ausgleich negativer Ladungsträger

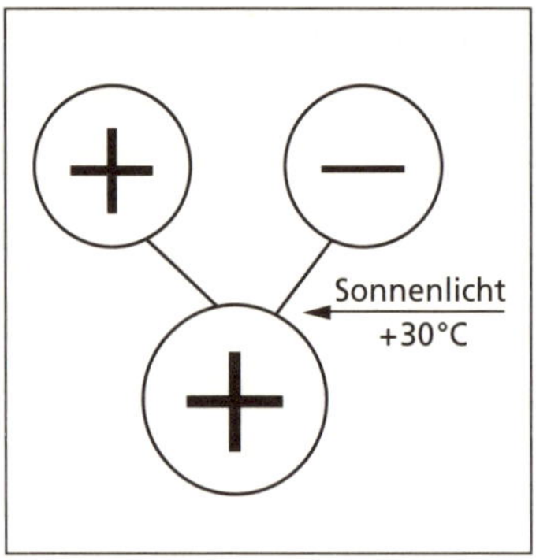

Abb. 27: Ausgleich verschiedener Ladungsträger bei positivem Umbau

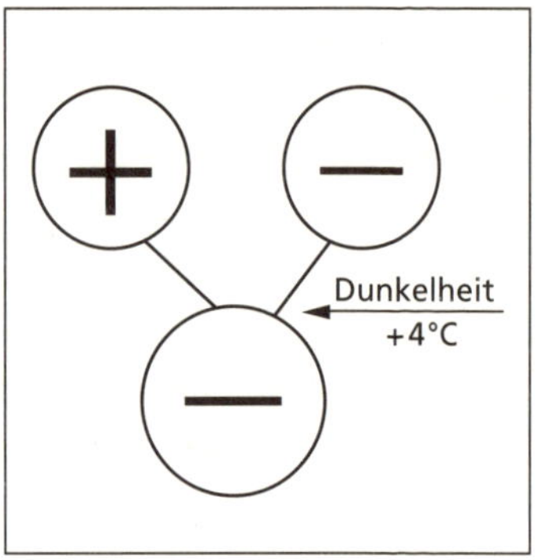

Abb. 28: Ausgleich verschiedener Ladungsträger bei negativem Umbau

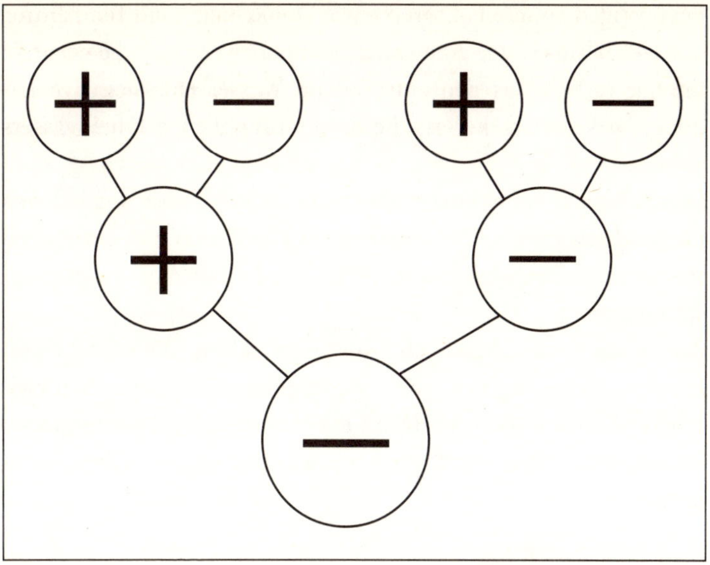

Abb. 29: Ausgleich und Steigerung

Gleiches gilt für das Zusammentreffen zweier negativ geladener Wasser, zum Beispiel Quellwasser und Tiefseewasser (Abb. 26). Wenn zwei unterschiedlich geladene Wasser zusammenkommen, zum Beispiel Regenwasser und Quellwasser, dann überwiegt der stärkere Ladungsträger und polt den schwächeren um. Welche Ladung die stärkere ist, hängt von vielen Faktoren ab. Das kann eine rein quantitative Ursache haben, beispielsweise kann ein Tropfen Quellwasser in einem Eimer Regenwasser nicht dominant werden. Vor allem spielen hier zusätzliche Faktoren wie Tageszeit, Lichtintensität, Temperatur, Bewegung u. ä. eine Rolle. Hohe Temperaturen sowie intensives Sonnenlicht begünstigen die positive Energie. In diesem Fall überwiegt die positive Ladung und wandelt die negative in positive um. Das Ergebnis ist ein Wasser, dessen positive Ladung stärker ist als die des ursprünglichen Regenwassers (Abb. 27).

Begünstigen äußere Faktoren – wie Dunkelheit, eine Temperatur um +4 °Celsius sowie eine einwirbelnde Bewegung – die negative Energie, erhält das neu entstandene Wasser eine negative Ladung. Diese ist stärker als die des ursprünglichen Quellwassers (Abb. 28).
Dieses Wasser kann wieder mit einem anderen, positiv geladenen in Ausgleich treten. Das Ergebnis ist ein Wasser mit einer noch stärkeren Ladungsintensität (Abb. 29). Es hat eine Steigerung* stattgefunden.
Aus Wasser entsteht Leben. Zur Entwicklung höheren Lebens braucht es eine Vielzahl von vorangegangenen Ausgleichen zwischen positiven und negativen Lebensformen. Lebensenergie besteht immer aus einer stofflichen und einer energetischen Komponente.

Die Entwicklung durch das Ei

Viktor Schauberger erlebte eine Naturbeobachtung besonderer Art. Er berichtet über sie im Zusammenhang mit Gedanken zum Prinzip von Sterben und Wiederauferstehung: In einer abgelegenen Felsschlucht saß er in einer dunklen Vollmondnacht an einem Balzbaum eines Auerhahns. Gegen Mitternacht bemerkte er eine kleine blaßrote Flamme über einem Hügel. Die Flamme schien aus dem Wald aufzusteigen, nahm die Form eines Eis an, wurde fahlgelb und erreichte eine Höhe von zwei Metern und einen Durchmesser von einem Meter. Viktor Schauberger hielt zunächst seinen Wanderstock und dann seine Hand in das Lichtei. Er spürte nichts, roch nichts und bemerkte auch keine Wärme. Sobald die Morgendämmerung begann, war das Ei verschwunden. Viktor Schauberger spürte jetzt eine auffallende Wärme. Neugierig untersuchte er den Boden unter dem verschwundenen Lichtschein. Auf dem Hügel wuchsen seltene

Blumen. In der Erde fand er die noch gut erhaltenen Überreste einer Gams. Er erinnerte sich, daß die Gamsen kurz vor ihrem Tod einen gemeinsamen Platz in abgelegenen Gegenden suchen. Zunächst beobachtete Viktor Schauberger die Erscheinung erstaunt und auch ängstlich. Später belegte er mit ihr seine These, daß die Seele eines Lebewesens unsterblich ist. Während die Körper der Gamsen sterben, wird die in ihnen enthaltene Energie als Licht sichtbar. Diese Energie kann sich in einer neuen Körperform organisieren.

Der Sterbeplatz befand sich in einem kleinen urwaldähnlichen Waldstück, welches sich auf der Nordseite unterhalb jäh aufsteigender Felswände in eine wenige Joch große Fläche ausdehnt. Die Felsschlucht wurde selten von Menschen betreten. Dieser Umstand begünstigte den Erhalt des natürlichen Gleichgewichts* in der Schlucht. In diesem naturbelassenen, vom Menschen unberührten Wald ist die geschilderte Art von Gemsenfriedhof möglich. Die Zersetzung entspricht einer Verrottung*.[94]

Den beschriebenen Lichtschimmer in Eiform hat Viktor Schauberger wiederholt erörtert. Die Form des Eis ist in vielen seiner Erfindungen wiederzufinden. Das *Ei** ist nach seiner Auffassung die natürliche Form, die die Voraussetzung für die Entwicklung von Leben ist. Die im Ei enthaltene Lebenskraft wird von diesem zum Aufbau neuen Lebens benötigt.

Unter dem Einfluß ständig wechselnder Temperaturunterschiede, schreibt er an anderer Stelle, bewegt sich das Eidotter langsam um seine eigene Achse:

Dabei wird ein leiser Lebensstrom in Impulsen ausgeworfen, der sich an der Eispitze kühl und an der Eirundung warm mit der feuchten Zunge anfühlt. Wird dieser Lebensmotor durch verstärkte Temperatureinflüsse, durch die brütende Henne oder durch die brütende Sonne auf höhere Touren gebracht, dann beginnt im Protoplasma, das durch eine grob- und feinstoffliche Eierschale abgeschlossen ist, ein geheimnisvolles Weben und Flechten der Mütter. Es beginnt eine mütterliche Ausbreitung und eine umfassende Liebesbewegung, die zu einer Verzehrung dessen führt, das unhemmbarer Drang, in Sehnsucht erwartet, eingebaut hatte.[95]

Hier zeigt sich wieder, was Viktor Schauberger unter Befruchtung* und Wachstum versteht. In seiner poetischen Sprache erklärt er, wie die negative Spannung des Eidotters mit der positiven des befruchtenden Hahns in Ausgleich tritt und als Folge dieser Befruchtung Leben entsteht. Die mit der Zunge gemessenen Temperaturunterschiede an Eirundung und Eispitze bestätigt und erklärt er in weiteren Versuchen mit Eiformen.
Angaben, wie die Versuche konkret aufgebaut waren beziehungsweise wie die einzelnen Stoffe gemessen wurden, macht Viktor Schauberger nicht; er bewertet die Versuchsergebnisse jedenfalls: Luft oder Wasser, die in einer naturgemäß konstruierten Eiform unter Zusatz bestimmter Minerale gedreht werden, zeigen ein typisches Verhalten: Der Kohlen- und der Wasserstoff werden an die Stelle des größten Horizontalradius geführt. Dort werden sie an die Innenwand der schlingernden Eiform gepreßt. Mit wachsenden Umdrehungen steigt der Druck an der Innenwand. Der Gegeneffekt ist das Freiwerden einer Energie, welche die Wand an der Stelle des größten Horizontalradius durchschlägt und wellenförmig abfließt. Parallel dazu strahlen an der Spitze der sich drehenden äußeren Eiform *Ionen** aus, die pulsierend abgestoßen und in den umgebenden Raum abgeschossen werden. Diese sind zurückzuführen auf den Sauerstoffanteil des in der Eiform gedrehten Mediums Luft bzw. Wasser. Während der Kohlen- und Wasserstoff an die Innenwand geführt wird, sondert sich der Sauerstoff ab und befindet sich in der Längsachse der um ihre eigene Achse gedrehten Eiform. Die auf diesen Sauerstoffkern zurückzuführenden Ionenabschüsse sind in Reichweite und Bewegungsgeschwindigkeit abhängig von der Geschwindigkeit

des rotierenden Eis. Treffen die abgeschossenen Ionen auf einen im Raum schwebenden Stoff, wandelt sich deren reine Bewegungsenergie in Wärme um und wird damit verbraucht. Der so erwärmte Stoff wird dadurch zunächst gespannt und später zertrümmert.[96]
Diesen Versuch ergänzt Viktor Schauberger in einer anderen Abhandlung. Da der Stoff genau umgekehrt als das freigesetzte Ion geladen ist, wird das nachfolgende positive Ion von den negativ geladenen Zertrümmerungsprodukten gegenpolig angezogen. Die ursprüngliche Kraft des Abstoßens erhöht sich auf diese Weise um die hinzugekommene Kraft des Anziehens.
Die Entwicklung von Leben in der Eiform faßt Viktor Schauberger folgendermaßen zusammen:

Das Geheimnis birgt die »eigene« Achse, die durch die atomare Abspaltung und Zentrierung des Sauerstoffkernes durch die biodynamische Bewegung einer naturrichtig konstruierten Eiform entsteht.[97]

Er meint, das Geheimnis der Entstehung von Leben liegt in der eigenen *Achse**. Jeder Organismus unterliegt diesem Prinzip. Die Sonne als Biokathode besitzt eine Eigengeschwindigkeit, mit der sie sich um ihre Achse dreht. Die Erde als Bioanode wird ständig den entgegengesetzt gepolten Strahlen der Sonne ausgesetzt. Das Wasser dreht sich ebenso wie die Erde einspulend um seine eigene Achse.[98] Auf der Grundlage dieser Dynamik erklärt er sämtliche Naturphänomene, beispielsweise Vertikalwinde, Zyklone, Taifune, Hurrikane, Wasserhosen, ebenso wie die Entstehung von Erde, Wasser, Mond und Sonne.

Der Syntheseprozess

In der Biologie bezeichnet die Photosynthese einen der wichtigsten physiologischen Prozesse. Sie ist der Lieferant energiereicher

Stoffwechselsubstrate für die meisten Lebewesen. Gleichzeitig liefert sie als einzige den für aerobe Organismen lebensnotwendigen Sauerstoff. Über die Photosynthese werden jährlich ca. fünfhundert Billionen Tonnen Kohlenstoff gebunden. Dabei werden aus Kohlendioxid und Wasser unter Umwandlung von Lichtenergie in chemische Energie molekularer Sauerstoff und Glucose gebildet. Die moderne Naturwissenschaft erklärt mit der Photosynthese Stoffwechselreaktionen chlorophyllhaltiger Organismen.

Viktor Schauberger benutzt den Begriff *organische Synthese** und meint mit ihm etwas Ähnliches wie die Photosynthese. Er unterscheidet grundsätzlich zwischen Sauerstoffen und Kohlenstoffen. Diese bezeichnet er als *primäre Syntheseprodukte**. Bei ihnen handelt es sich zum Beispiel um durch die Photosynthese entstehenden Sauerstoff, welchem er eine positive Ladung zuordnet. Ein primäres Syntheseprodukt kann auch Kohlenstoff oder eine einfache Kohlenstoffverbindung sein, welche er als negativen Ladungsträger betrachtet. Diese entstehen durch Bewegung von außen nach innen. Sie halten den Wasserdampf und geben ihn an die Luft ab. Auf diese Art wird der von den Pflanzen gebildete Sauerstoff in die Atmosphäre transportiert. Das Wasser ist das Transportmittel.[99]

Viktor Schauberger erklärt Pflanzenwachstum auf seine Art:

Ein Stückchen Erde urbar machen heißt, einen Grenzwert, der nicht levitieren kann, in Bewegung zu setzen. Es fehlt nur noch die zykloide Bewegungsart, um sie praktisch möglich zu machen, durch die die plasmolysen Keimstoffgebilde entspringen. Diese verlagern sich sofort in die vertikale Richtung und vermehren das nächst höhere Entwicklungsprodukt quantitativ und verbessern es qualitativ.[100]

Ein *Grenzwert** ist ein primäres Syntheseprodukt, welches sozusagen in einem Gleichgewichtszustand zwischen Leben und Tod

steht. Wachstum* bedeutet, ein Syntheseprodukt in Bewegung zu setzen, welches genügend Eigenspannung besitzt, um seine eigene Körperschwere zu überwinden, aber nicht levitieren kann.
In diesen beiden letzten Aussagen verbirgt sich Viktor Schaubergers gesamte Theorie zum Syntheseprozeß: Entscheidend für den weiteren Verbleib des primären Syntheseproduktes ist seine Eigenspannung. Ist diese hoch, erfolgt eine Levitation in Form von Strahlung. Ist diese zu schwach zum Levitieren, erfolgt eine Gravitation, d. h. Wachstum. Dabei ist ausschlaggebend, in welcher Richtung der Bewegungsanstoß des primären Syntheseproduktes erfolgt. Ist dieser einspulend von außen nach innen, findet ein gesundes Wachstum statt. Mit einem ausspulenden Bewegungsanstoß von innen nach außen wird ein krankes Wachstum (z.B. Krebs) gefördert. Primäre Syntheseprodukte befinden sich also an der Grenze zwischen Levitation und Gravitation. Deshalb nennt er sie auch Grenzwerte*. In Abbildung 30 wird versucht, diese Gedanken schematisch darzustellen.

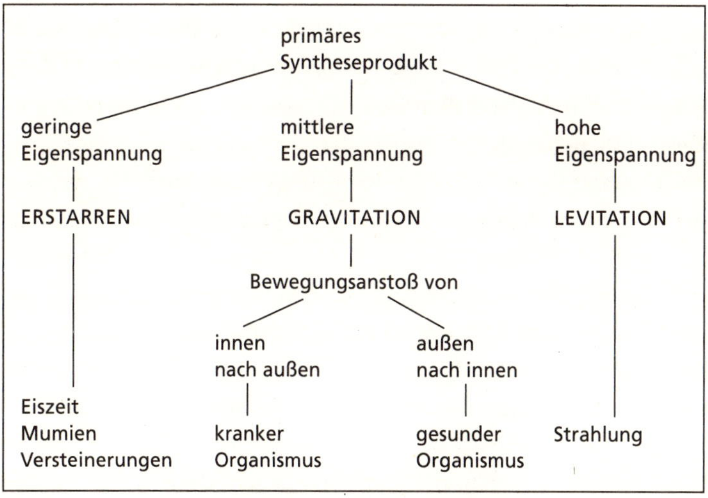

Abb. 30: Primäre Syntheseprodukte

Viktor Schaubergers Formulierung impliziert eine dritte Möglichkeit: die zu geringe Eigenspannung, um die eigene Körperschwere zu überwinden. Die logische Folge dieses Zustands kann – so ist zu vermuten – nur eine Erstarrung sein, wie bei Versteinerungen, Mumifizierungen oder Vereisungen (Abb. 30). Viktor Schauberger führt an anderer Stelle aus, daß beim Tod ein Erstarren der körpereigenen Fettstoffkonzentrate* stattfindet.[101] Er selbst bezeichnet Pflanzenwachstum auch als eine Erstarrung von Lebenskraft*. An diesem Punkt widerspricht er sich in seiner eigenen Terminologie. Solange eine minimale Eigenspannung für das Wachstum notwendig ist, kann es sich nicht um eine vollständige Erstarrung handeln. Es ist zu vermuten, daß er eine im Verhältnis zur Levitation relative Erstarrung, also eine Verdichtung der Lebenskraft zu Materie meint. Das wird in einem späteren Text bestätigt, in dem er Wachstum *als eine teilweise Erstarrung aufstrahlender Fruchtstoffenergien* erklärt.[102]
Primäre Syntheseprodukte befinden sich in jedem Wasser; sie sind die Wasserbestandteile, welche die Bildung von lebenaufbauenden Energien ermöglichen. Deshalb ist Wasser die Quelle allen Lebens. Damit ist Wasser gemeint, das als Blut* der Erde in einem Fluß fließt, mit dem Blut in Menschen oder Tieren zirkuliert, in Pflanzen als Saft fließt oder als Zellwasser existiert.
Die Qualität des so entstehenden Lebens hängt entscheidend von der Wasserbewegung ab. Bei einer einspulenden Bewegungsrichtung wird die Energieform des Wassers negativ. Diese hat lebenaufbauende Eigenschaften. Die gegenteilige Bewegungsrichtung fördert eine positive Energieform und damit den Abbau.[103]
Ein hochwertiger Syntheseprozeß kommt zustande, wenn hochaktive und einpolige Kohlenstoffe aggressiven Sauerstoff binden. Das Ausmaß der entstehenden Lebensenergie ist sichtbar in Form einer wachsenden Bewegungsenergie, einer starken Innenspannung, welche mit vorhandenen Ladungsträgern zu einem Aus-

gleich drängt. So entstehen Bewegungskräfte und Bewegungsgeschwindigkeiten, die der Schwerkraft entgegenwirken. Der Spannungswechsel und der damit verbundene Ausgleich gewährleisten das natürliche Fortschreiten von Energieerhöhung und Wachstum.

Diesen Vorgang bezeichnet Viktor Schauberger als organische Synthese, die – wie Goethe sagt – nach dem Prinzip von Polarität* und Steigerung funktioniert. Kohlenstoffe und Sauerstoffe mit verschiedenen Polaritäten sind im Wasser gelöst und dienen als Ausgangsstoffe für Leben. So entstehen in einem ersten Schritt Minerale. Durch Erosion und Reibung im Wasser werden Minerale teilweise in einfache Kohlenstoffe zerlegt. Diese dienen wiederum als Ausgangsstoffe für Leben. Da bei der Freisetzung der Kohlenstoffe ebenfalls die im Mineral enthaltene Lebensenergie* freigesetzt wird, ist im nun folgenden zweiten Schritt der Aufbau eines höheren Lebens möglich. Es entsteht Pflanzenwachstum. Bei der Verrottung dieser Pflanzen werden wiederum Kohlenstoffe und die in der Pflanze enthaltenen Energien freigesetzt. Beide ermöglichen im dritten Schritt tierisches Leben. Nach dem gleichen Prinzip der Steigerung entsteht im vierten Schritt menschliches Leben (Abb. 31).[104]

Damit aus den bei der Verrottung freigesetzten Kohlenstoffen neues Leben entstehen kann, müssen diese in sehr einfacher

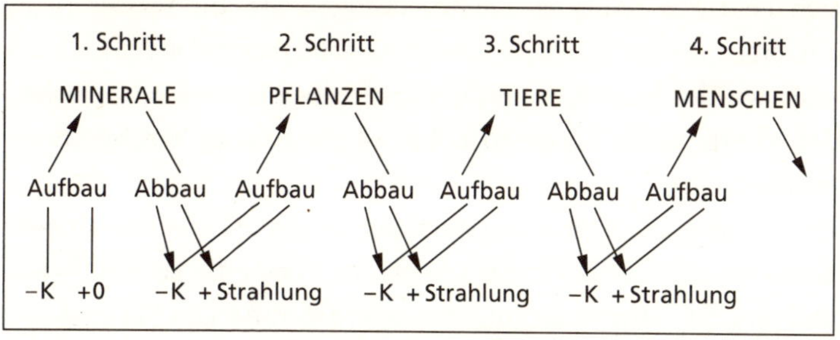

Abb. 31: Der Syntheseprozeß

molekularer Form vorliegen, zum Beispiel als Kohlendioxid. Nur dann bezeichnet Viktor Schauberger das Syntheseprodukt als primäres Syntheseprodukt. Die Synthese selbst erfolgt ausschließlich bei Anwesenheit von Wasser. Dabei fungiert der Wasserstoff als neutraler Träger der polaren einfachen Kohlenstoffe und Sauerstoffe. So erklärt sich der Begriff *Trägerstoff**, der neben dem des Umbaustoffes* für Wasserstoff benutzt wird. In späteren Schriften stellt Viktor Schauberger den Wasserstoff mit den Kohlenstoffen gleich und ordnet ihm eine negative Energie zu. Neutrale Trägerstoffe sind dann Wasser oder Luft als Medien. Es ist nicht erkennbar, ob er sich selbst korrigiert oder seine eigene Begrifflichkeit verschieden benutzt. Unberührt von diesem Widerspruch in der Stoffdefinition ist Viktor Schaubergers Bild des Wassers als dem Träger der primären Syntheseprodukte Kohlenstoff und Sauerstoff.[105] Die organische Synthese findet nach seinen Vorstellungen beispielsweise in jeder Kurve eines naturbelassenen Flusses statt. Abbildung 32 zeigt diesen Vorgang.

In der Links- oder Rechtskurve befindet sich das Wasser mit der größten Dichte und einer Temperatur von +4°Celsius, hervorgerufen durch die Einwirbelung. Es entsteht Kathodenwasser mit stark negativer Energieform. Das negative Wasser kommt in Kontakt mit positiven Sonnenstrahlen. In der Kurve kreuzen sich beide, es findet eine Befruchtung* statt. Im Wasser ist es dasselbe Prinzip, das bereits im Zusammenhang mit der Erde erklärt wurde. Auch hier gilt, je stärker der Unterschied zwischen den Energiearten ist, desto höher ist die Energie des Syntheseprodukts.

Das in der Flußkurve entstandene Leben ist gekennzeichnet durch zwei Formen. Eine gravitierende Form, die zu Stoff wird, und eine levitierende Form, die als Strahl aufsteigt. Mit anderen Worten: In der natürlichen Kurve eines Flusses entsteht Materie,

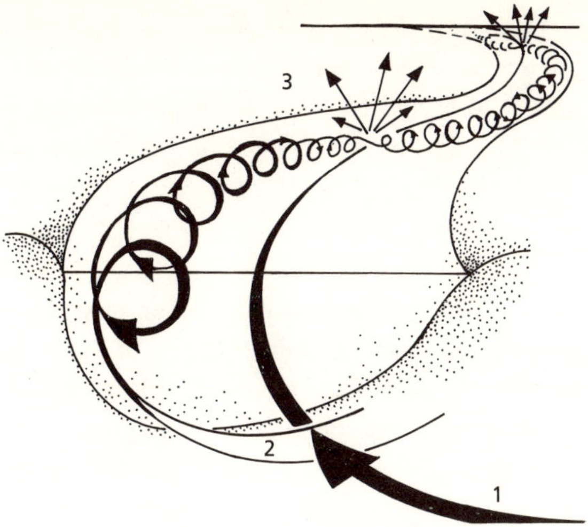

1 = Fließrichtung des Wassers in der Flußmitte;
2 = Wasser wird »eingespult«; 3 = Entladung

Abb. 32: Organische Synthese in den Kurven eines Flusses

konkret Wasser. Die gleichzeitig freiwerdende Energie entlädt sich in der Mitte des Flusses, dort, wo das Wasser gerade fließt. An dieser Stelle findet man eine Furt, die Fließgeschwindigkeit nimmt ab. Während das Wasser von der Kurve bis zur Furt von außen nach innen eingewirbelt wurde, beginnt nach der Furt eine Verwirbelung von innen nach außen bis zur nächsten Kurve. Gleichzeitig ändert sich die Drehrichtung. Das Wasser scheint dort ruhig zu fließen.[106]

Viktor Schauberger erklärt, daß gerade in der langsamsten Wasserbewegung die Entladung der Lebensenergie stattfindet und dabei den Bewegungswechsel verursacht. Wie er behauptet, kann es

keinen Gleichgewichtszustand und damit das nicht geben, was wir als »Ruhe« verstehen. Diese scheinbare Ruhe ist in Wahrheit die höchste Bewegung und zugleich der Punkt der Verwandlung des

Stoffes, die Urzeugung der reingeistigen Dimension, die sich blitzschnell in Bewegung und Gestaltung verwandelt, wodurch sich das Ding zwangsläufig in und an sich verkehrt und damit von innen heraus sich bewegt.[107]

Der Biomagnetismus

Viktor Schauberger erörtert dieselben Thesen in verschiedenen Abhandlungen und setzt sie dabei jeweils in einen anderen Zusammenhang. Je nach Zeit der Niederschrift und Kontext benutzt er unterschiedliche Begriffe für denselben Aspekt. Besonders viele alternative Ausdrücke kann man bei Erklärungen der Dynamik des Lebens finden. In Tabelle 2 werden einige seiner bildlichen Umschreibungen bestimmten Aspekten zugeordnet.

Primäre Syntheseprodukte bezeichnet Schauberger auch als *bipolare Grundstoffe** oder Grenzwerte. Die Ausdrücke verdeutlichen, daß es sich um die Ausgangsstoffe für die nachfolgenden Stoffsynthesen handelt. Sie sind entweder negativ* oder positiv geladen. Die Verbindung dieser Grundstoffe nennt er organische Synthese, Gärung, Befruchtung*, *Urzeugung** oder *Emulsion**. Mit diesen Begriffen ist ausschließlich der Vorgang des Zusammentreffens gemeint; sie enthalten keine Wertung.

Das Produkt dieser Synthese nennt er *Energiestoffgebilde** oder Energiestoffkonzentrate. Die Begriffe zeigen, daß hier die energetische und die stoffliche Ebene angesprochen sind. Viktor Schauberger wählt auch Ausdrücke, die man einer dieser Ebenen zuordnen kann. So bezeichnen *Rohstoffgebilde**, *Fettstoffgebilde** oder *Potenzstoffe** eher den stofflichen Aspekt, während er *Emanationen** als »Energiestoffabstrahlungen« definiert. Auf der gleichen energetischen Ebene kann man vermutlich seinen Gebrauch von Ion* einordnen. Keiner dieser Begriffe enthält eine

	STEIGERUNG	AUFBAU	ZERSTÖRUNG
AUSGANGS- STOFFE	primäre Synthese- produkte bipolare Grundstoffe Grenzwerte	Fruchtstoffe Süßstoffe	Befruchtungs- stoffe Reizstoffe
VORGANG	organische Synthese Gärung Befruchtung Urzeugung Emulsion	Verrottung kalte Gärung Reduktion Läuterung	Verwesung warme Gärung Oxidation
PRODUKT	Energiestoffgebilde Rohstoffgebilde Fettstoffgebilde Potenzstoffe Emanationen Ionen	Biomagnetismus Diamagnetismus Qualitätsstoff- gebilde Keimstoffgebilde Rückstromstoffe Konzentrations- stoffe Strahlengebilde	Bioelektrizität
QUALITÄT	lebenaufbauend oder -zerstörend entwicklungsfördernd oder -hemmend negativ oder positiv aufsteigend oder fallend levitierend oder gravitierend	lebenaufbauend entwicklungs- fördernd negativ aufsteigend levitierend	lebenzerstörend entwicklungs- hemmend positiv fallend gravitierend

Tabelle 2: Begriffsvarianten verschiedener Aspekte

Wertung. Es sind Sammelbegriffe für Stoffe, diese sind negativ oder positiv, lebenaufbauend oder -zerstörend, entwicklungsfördernd oder -hemmend, aufsteigend oder fallend beziehungsweise levitierend oder gravitierend.

Andere Begriffe beinhalten bereits eine eindeutige Zuordnung. Ein Grundstoff mit einer negativen Ladung ist ein Fruchtstoff oder *Süßstoff**. Wenn bei der organischen Synthese die negative Ladung überwiegt, nennt Viktor Schauberger den Vorgang Verrottung, kalte Gärung, *Reduktion** oder *Läuterung**. Die Sauerstoffe unterliegen also beim Ausgleich mit den Kohlenstoffen, sie werden reduziert oder geläutert.

Das Produkt dieses Prozesses hat eine negative Energie. In diesem Fall spricht Schauberger von *Biomagnetismus** oder *Diamagnetismus**. Ebenso wie der Erdmagnetismus Eisen anzieht, werden beim Biomagnetismus Sauerstoffe angezogen und verwandelt. Der Biomagnetismus ist lebenaufbauend und entwicklungsfördernd. Die dabei entstehenden Energiestoffgebilde haben eine negative Ladung, sie sind aufsteigend beziehungsweise levitierend. Viktor Schauberger nennt sie unter anderem *Qualitätsstoffgebilde**, *Keimstoffgebilde**, *Rückstromstoffe**, *Konzentrationsstoffe** oder *Strahlengebilde**. In den Begriffen kann man seine Idee von einer Konzentration negativer Energien erkennen, die als Strahl aufsteigen oder entgegen der Schwerkraft zurückströmen. Dem Biomagnetismus steht die *Bioelektrizität** gegenüber. Sie entsteht, wenn beim Ausgleich der positive Ladungsträger überwiegt.

Ein positiver Grundstoff wird als Befruchtungsstoff oder *Reizstoff** bezeichnet. Überwiegt bei der Verbindung zweier Grundstoffe der positive, handelt es sich um eine Verwesung, warme Gärung oder *Oxidation**. Die Kohlenstoffe unterliegen, sie werden oxidiert. Die dabei freiwerdende Bioelektrizität hat lebenzerstörende oder entwicklungshemmende Eigenschaften. Die positiven Energiestoffgebilde nennt Viktor Schauberger auch »das Gewalttätige«. Sie sind fallend oder gravitierend.[108]

Der Ausgleich zwischen verschiedenen Stoffen führt zu entsprechenden Bewegungen. Die Richtung und die Intensität der so entstandenen Bewegung hängt von dem Spannungsunterschied und dem Kräfteverhältnis der beteiligten Ladungsträger

ab. Viktor Schauberger nennt einige Phänomene in der Natur, die man nach dieser Theorie erklären kann:
Befinden sich primäre Syntheseprodukte in ungebundener Form in der Atmosphäre, kommt es zur Gewitterbildung. Die Atmosphäre besteht überwiegend aus positiven Grundstoffen, welche mit den hauptsächlich aus der Geosphäre aufsteigenden negativen Grundstoffen im ständigen Ausgleich sind. Fehlt es an Lichtintensität und Wärme, überwiegen die levitierenden Stoffe. Im umgekehrten Fall dominieren die gravitierenden. Ein Beispiel dafür ist die Schwerkraft.
Im Hochgebirge kann man levitierende Energiestoffgebilde als wirbelförmige Aufwinde aus Gletscherspalten beobachten, die große Schneemassen hochreißen und Eisbrocken in die Luft wirbeln, sich also entgegen der Schwerkraft bewegen. Jeder feste, flüssige oder gasförmige Stoff, jedes Wasser oder Blut ist das Ergebnis einer organischen Synthese. Jeder so entstandene Körper ist eine sichtbare Erscheinung von durch überwiegenden positiven Stoffen gebundenen negativen Stoffen.[109]

11. Steigerung II: Die Dynamik der Zerstörung

In der Natur befinden sich aufbauende und zersetzende Prozesse in einem ausgewogenen Kreislauf. Beide sind notwendig, um das Entstehen und Vergehen von Leben zu ermöglichen. Wird eine der beiden Komponenten übermäßig beansprucht, führt dies zu Verschiebungen innerhalb des Gleichgewichts.
Durch tiefgreifenden Einfluß der Menschen auf den Naturhaushalt wird die lebenaufbauende Komponente zugunsten der zersetzenden zunehmend reduziert. Viktor Schauberger bemerkt in diesem Zusammenhang:

> Dieser Moment mußte kommen, um die Menschheit zur Einsicht zu bringen, daß nichts auf Erden ungestraft bleibt und sich jeder sinnlose Eingriff in das wundervolle Lebenswerk »Natur« letzten Endes am Menschen selbst wieder rächen muß.[110]

Das natürliche Gleichgewicht

Stehen aufbauende und zersetzende Energien in ausgewogener Wechselwirkung, ermöglichen sie körperliche, und damit einhergehend, psychische und geistige Gesundheit. Dominiert eine der beiden Energien, ist eine gegenseitige Energieumwandlung nicht möglich, das *natürliche Gleichgewicht** ist gestört. Hier muß betont werden, daß beide Energien notwendig sind. Nur aus der Kreuzung positiver und negativer Stoffe kann Leben entstehen. Auch ist eine Steigerung nur möglich, wenn ein Ausgleich verschiedener Spannungen stattfindet.
Treffen positive und negative Ladungsträger zusammen, hängt es

von der Stärke der jeweiligen Ladung ab, ob das Ausgleichsprodukt lebenaufbauenden oder lebenabbauenden Charakter hat. Äußere Faktoren, insbesondere die Bewegungsrichtung, haben dabei einen entscheidenden Einfluß. Das natürliche Gleichgewicht beinhaltet also zwei Formen, wobei die weiblich-negative insgesamt ein klein wenig stärker ist als die männlich-positive. Verdreht sich dieses Verhältnis, steigern sich die zerstörenden Anteile.

Schauberger beschreibt diesen Prozeß mit den Eigenschaften der negativen Kohlenstoffe und positiven Sauerstoffe und erläutert deren Funktion. Die Sauerstoffe haben in der Natur die Aufgabe, Strukturen zu sprengen. Bei jedem Aufbau durch negative Energie wird auch positive frei. Sie wird jedoch nur in dem Umfang freigesetzt, als diese zum Abführen von Schlackenstoffen notwendig ist. Diese werden als Kot ausgeschieden, um funktionsbeeinträchtigende Kristallisationen oder Verwesungen der Rückstände in den jeweiligen Organismen zu verhindern.

Die Menschen sind selbst die Ursache sämtlicher Krebskrankheiten, sagt Schauberger. Weil die moderne Wissenschaft eine naturfremde Technik benutzt, entsteht im lebendigen menschlichen, tierischen oder pflanzlichen Körper sein eigenes Verderben. Unter Verderben ist ein Überwiegen von zersetzendem Stoffwechsel zu verstehen, welcher über die natürliche Funktion von Reinigung und Ausscheiden hinaus im Körper dominiert und ein Ungleichgewicht schafft. Besondere Schuld gibt Schauberger den Ingenieuren, Wissenschaftlern und Politikern. Die Ingenieure benutzen eine Technik, die tiefgreifende zerstörende Auswirkungen auf den gesamten Wasser- und Naturhaushalt hat. Die Wissenschaftler an den Universitäten lehren diese naturfeindliche Technik als die einzig wahre, und die Politiker unterstützen dies, indem sie durch politischen Druck eine andere Forschung verhindern.

Die Folge ist, daß der akademische Nachwuchs falsch programmiert, Bewegungsgeräte und Bewegungsmaschinen entwickelt, die der Zerstörung dienen. Diese Lehrer, die unbewußt den sozialen Niedergang auf der ganzen Entwicklungslinie auslösten, sind darum als die eigentlichen Entwicklungsbremser oder als die langgesuchten Krebserreger anzusprechen.[111]

Krebs

Für Viktor Schauberger ist Krebs eine indirekte Folge der abnehmenden Wasserqualität. Durch die Zerstörung des Waldes fehlt der Aufbau von gesundem Wasser, die Grundlage gesunden Lebens. Die mit krankem Wasser produzierte Nahrung fördert im lebenden Körper Krebswachstum. Man kann seine Auswirkungen nicht nur im einzelnen krebskranken Lebewesen beobachten, sondern auch in der zunehmenden Naturzerstörung; das heißt, das Lebewesen Erde ist krebskrank.
Aus der Sicht eines ganzheitlichen Forschers sind lokale Umweltprobleme lediglich die Symptome eines global geschwächten Planeten, ähnlich wie bei einzelnen Krebsgeschwüren bei Mensch, Tier oder Pflanze.
Ein Merkmal naturwissenschaftlichen Arbeitens ist die Spezialisierung in immer weiter differenzierte Teildisziplinen. Bei dieser Methode geht der Blick für »übergeordnete Zusammenhänge« verloren. Ein Forscher eines bestimmten Fachgebiets hält es kaum für möglich, daß genau dieselben Wirkungsmechanismen in einem scheinbar anderen Gesetzen untergeordneten Fachgebiet gültig sind. Aber jeder Eingriff in einen Teilbereich hat immer Einfluß auf das »übergeordnete Ganze«. Diese Abhängigkeiten bedingen sich wechselseitig; ist ein Teil eines Ganzen krank, ist dementsprechend der gesamte Organismus geschwächt. Diese Schwächung kann auf verschiedene Art zum Ausdruck kommen. Ein Lebewesen zeigt niemals exakt dieselben

Krankheitssymptome wie ein anderes. Jedoch die Krankheit an sich schwächt auch das Ganze. Die Ursachen der Krankheit zeigen sich im selben Organismus an verschiedenen Stellen auf unterschiedliche Weise.
Ein Spezialist sucht jeweils in seinem Teilbereich nach Ursachen. Dort findet er lediglich Auswirkungen der gesamten Schwächung. Krebs als Krankheit hat ebensoviele Erscheinungsformen, wie es Organe im Lebewesen gibt. Allen ist gemeinsam, daß sie die Lebensenergie schwächen und nach und nach den ganzen Körper zersetzen.
Ursachen und Auswirkungen der krebsbedingten Zersetzung erläutert Viktor Schauberger in seinen Schriften. Eine mögliche Ursache für Krebs sieht er in dem Genuß toten Wassers: Bei der Trinkwasseraufbereitung werden Verfahren mit Belüftung und Lichteinfluß angewendet, bei denen es zu Oxidationen kommt. Die entschlackenden Oxidationsvorgänge innerhalb des Lebewesens können daher nicht mehr stattfinden. Wenn das derart aufbereitete Wasser als sogenanntes Trinkwasser abgegeben wird, hat es bereits sämtliche Ausgleichsvorgänge entweder während der Trinkwasseraufbereitung oder auf dem Weg von der Aufbereitung zum Verbraucher vollzogen. In diesem Zusammenhang ist von Bedeutung, daß das Wasser, welches dem Organismus zugeführt wird, seine negative Energieform verloren hat, es ist praktisch tot. Dieses Wasser hat einen erhöhten Sauerstoffgehalt, der bei der Nutzung als Trinkwasser zu Stoffwechselveränderungen im Organismus führt, die Krebs auslösen können.
Das Lebewesen kann diese Mengen an Sauerstoff nicht ausreichend verarbeiten, es kommt zu veränderten Druckverhältnissen innerhalb des Zellgewebes: Die Zellen vergrößern sich und sind charakterisiert durch einen Überschuß an Sauerstoff. Dieser führt zu Säurebildungen und Entzündungen, schließlich

zu Fieber. Die erhöhte Körpertemperatur wiederum fördert die Ausgleichsbereitschaft des Sauerstoffs. Aufgrund mangelnder Kohlenstoffe verbindet sich der Sauerstoff schließlich sogar mit den Gewebesubstanzen. Als Folge davon entstehen Mikroorganismen, welche in Ermangelung anderer Nahrung den Körper des Makroorganismus regelrecht auffressen.[112]
Viktor Schauberger beschreibt eine weitere mögliche Krebsursache.

Die heutige Wissenschaft bevorzugt zum Antrieb ihrer Maschinen einen Oxidationsprozeß. … Das Endprodukt ist das vernichtende Feuer. Das Spannungsprodukt dieses Stoffwechselvorganges ist die aufwachsende, »gewöhnliche«, steigende und expandierende, bremsende Wärmeform. Sie dient allein der Verwesung und Vernichtung des Entwicklungsuntauglichen und allem, das den urbaren Entwicklungsfortgang verfehlt hat.

Die Krebsursache ist in diesem Fall die Bewegungsrichtung, die Viktor Schauberger als »steigende und expandierende, bremsende Wärmeform« beschreibt.

Dieser »gewöhnliche« Verbrennungsprozeß, dessen Spannungsprodukt dem Ab- und Rückbau, der Vernichtung des Entwicklungsuntauglichen in der Natur dient, wird dadurch ausgelöst, daß durch zusätzliche Wärme- und Feuereinflüsse der Sauerstoff bei rund +40 °C aufwärts aggressiv, angriffslustig und mit zunehmender Erwärmung immer freier und gefährlicher wird. Dadurch kommt es zu einem Blut-, Säfte-, Wasser- und Luftzerfall. Damit kommt es auch zum Aufhören aller wie auch immer gearteten Lebensfunktionen in allem Wachsenden, Lebenden und sich selbstherrlich Bewegenden.[113]

Eine scheinbar harmlose Temperaturzunahme kann einen lokalen Zerfallsprozeß, Krebs, auslösen. Das trifft gleichermaßen auf die Pflanzen, die Erde, das Wasser und andere Organismen zu.

In jeder lebenden Zelle finden dieselben Vorgänge wie im gesamten Organismus statt. Ähnlich stehen Naturkatastrophen in engem Zusammenhang mit Verschiebungen innerhalb des natürlichen Gleichgewichts der Erde.
Viktor Schauberger behauptet, daß die im Erdinnern herrschenden Temperaturen das Ergebnis der dort stattfindenden Ausgleichsvorgänge zwischen Kohlenstoffen und Sauerstoffen sind. Die aggressiven Sauerstoffe gelangen mit dem Wasserkreislauf in die Erde, während die Kohlenstoffe in niederorganisierter Form, zum Beispiel als Kohle, Öl und Gas, oder in höherorganisierter Form, zum Beispiel als Metalle oder Mineralien, gelagert sind. Werden Kohlenstoffe aus der Geosphäre entnommen, ihre Luft- und Temperaturverhältnisse durch beispielsweise Tiefenbohrungen verändert oder Stoffe in ihr abgelagert, verändern sich dadurch Art und Umfang der Ausgleichsvorgänge. Diese sind um so intensiver, je größer die Unterschiede zwischen den Stoffen sind. Werden Atmosphäre und Geosphäre durch äußere Einflüsse miteinander in Kontakt gebracht, werden zum Beispiel Sauerstoffe anstatt über den Wasserkreislauf über Luftschächte in die Erde gebracht, verschlechtert sich nicht nur die Wasserqualität, sondern es verändern sich auch die Temperaturen in den tieferen Schichten der Erde.
Mit dem Abschwächen der inneren Ausgleichsvorgänge sinkt zwangsläufig die Temperatur in den Erdschichten. Wegen mangelnder Ausgleiche in der Erdrinde ist das in ihr vorhandene Wasser relativ sauerstoffübersättigt, dadurch spezifisch schwerer und sinkt in tiefere Schichten der Geosphäre. Beim Zusammentreffen der Kohlenstoffe mit den erhöhten Sauerstoffmengen kommt es dort zu heftigen Ausgleichen. Die direkte Folge sind Erdbeben und Vulkanausbrüche.

Eine Folge von Erdbeben und Vulkanausbrüchen ist das plötzliche Aufströmen gasförmiger niederorganisierter Kohlenstoffe. Diese steigen in höhere Luftschichten auf und treten mit dem Luftsauerstoff in Ausgleich. Je nach Klimazone und Sonneneinwirkung können diese Wechselwirkungen derart intensiv sein, daß sich die Ausgleichszonen trichterförmig erweitern. So entstehen nach Viktor Schauberger Naturphänomene wie Windhosen und Wirbelstürme.
Eine weitere Begleiterscheinung starker Eruptionen ist die Freisetzung großer Mengen von Wasserdampf. Kurzfristig führt dies zu einem üppigen Vegetationswachstum, wodurch erhöhter Bedarf an gasförmigen Kohlenstoffen aus der Erdrinde entsteht. Da dieser nicht vollständig gewährleistet werden kann, kommt es mittelfristig zu einem Vegetationsrückgang. Die Abnahme der Vegetation wiederum hat ein Sinken des Grundwasserspiegels und einschneidende Klimaveränderungen zur Folge; die Erde erfährt eine systematische Abkühlung, langfristig eine erneute Eiszeit.

Die gesamte Vegetation muß mit dem Absinken des Wassers, so wie sie einst gekommen ist, wieder vergehen, und die Vegetationszone wird nach ungeheuren Katastrophen, die in Gestalt von Erdbeben, Wolkenbrüchen und Wirbelstürmen usw. in Erscheinung treten müssen, gesetzmäßig langsam aber sicher vereisen.[114]

In jedem Lebewesen finden bei einer Veränderung seines Stoff- und Energiekreislaufs Reaktionen statt, die eine Anpassung an den neuen Zustand sind. Die sogenannten Naturkatastrophen sind nach der Auffassung Viktor Schaubergers die Reaktionen des Organismus Erde auf lokale bzw. globale Verschiebungen seines natürlichen Gleichgewichts.

III. Biomaschinen

Das Geheimnis dieser aufbauenden und auftriebsfähigen Energiestoffkonzentrate ist diejenige Bewegungsart, durch die das alles entstanden ist, das wir rund um uns sehen oder sonstwie wahrnehmen können.
Eine einfache Änderung aller maschinellen und sonstigen Bewegungsarten genügt, um den Fluch zu nehmen, wonach der Segen wieder beginnt, der zur Zeit der alten Kulturvölker aus dem einfachen Grunde selbstverständlich war, weil diese alles genau verkehrt machten, als man uns dies derzeit in Schule und Kirche lehrt.[115]

12. Bewegung

Viktor Schauberger glaubt, daß die vom Menschen verursachte Zerstörung des natürlichen Gleichgewichts auf der Erde schon weit fortgeschritten ist. Um dieser Entwicklung entgegenzuwirken, hat er technische Geräte entwickelt, die die Natur und die Menschheit retten sollen.
Seine Forschungsmethode basiert auf einigen Grundsätzen, die Aloys Kokaly folgendermaßen charakterisiert:

- die Verpflichtung von Naturwissenschaft und Technik, Leben zu fördern und nicht zu zerstören;
- primär den biologischen Nutzen eines technischen Werkes zu betrachten;
- die Gesetze der Welt und des Lebens zu erkennen und richtig anzuwenden und
- Vorbilder in den Vorgängen und Manifestationen der Natur zu suchen.[116]

Naturbeobachtungen

Als Förster konnte Viktor Schauberger gelegentlich Naturvorgänge beobachten, die ungewöhnlich und faszinierend zugleich zu sein schienen. Erst durch wiederholte Beobachtung ähnlicher Abläufe scheinbar voneinander unabhängiger Ereignisse begann er, diese wie in einem Puzzle einem grundlegenden Prinzip zuzuordnen. Ohne die Kenntnis seiner Beobachtungen sind die Theorien und Erfindungen Viktor Schaubergers nur schwer nachvollziehbar.

Die Beobachtung eines Seeadlers war für ihn besonders aufschlußreich. Dieser flog jeden Abend um die gleiche Zeit zu einem Gebirgssee, um zu fischen. Viktor Schauberger saß auf einer Tanne und beobachtete den Vogel. Zunächst überflog der Seeadler die Saiblingslöcher nahe der Wasseroberfläche und machte dabei laute Töne und kräftige Flügelschläge. Danach flog er wie auf einer Spirale nach oben, wobei seine Kreise immer kleiner wurden. Von oben ließ er sich kopfüber auf eines der Fischlöcher fallen, bremste kurz vor der Wasseroberfläche und hatte bereits einen großen Saibling gefangen. Viktor Schauberger beobachtete den Seeadler fasziniert und fragte sich, wie dieser den Fisch fangen konnte, obwohl er das Wasser nicht einmal berührt hatte.

Als Schauberger beim nächsten Mal die Saiblinge beobachtete, stellte er fest, daß diese die spiralförmig aufsteigende Bewegung des Seeadlers im Wasser nachahmten. Sämtliche Fische schwammen in immer enger werdenden Kreisen bis nahe an die Wasseroberfläche. Die Fische in der Mitte wurden so zusammengedrückt, daß ihre Flossen sich über dem Wasser befanden.[117]

Ein weiteres Schlüsselerlebnis war die Beobachtung eines Gebirgssees an einem heißen Sommertag: Das zuvor ruhige Seewasser begann sich in spiralförmigen Bewegungen zu drehen. Viktor Schauberger sah, wie Bäume, die durch Lawinen in den See gerutscht waren, sich mit dem Wasser auf Kreisbahnen in Richtung Seemitte bewegten. Dort angekommen, wurden sie plötzlich senkrecht gestellt und in die Tiefe gerissen. Der Sog war so stark, daß die Baumrinde abgeschält wurde. Dann wurde das Seewasser wieder ruhig, die Bäume blieben verschwunden. Wenig später erhob sich zeitweise in der Seemitte eine Art Wasserfontäne. Sie war mehrere Meter hoch, drehte sich und wurde von lauten Geräuschen begleitet. Als das Wasser wieder ruhiger wurde, stieg der Wasserspiegel im See deutlich an.[118]

Weitere derartige Naturerlebnisse hat Viktor Schauberger in seinen Abhandlungen beschrieben. Er beobachtete sie aufmerksam und versuchte, sie zu begreifen.

Das schaukelnde Kind

Viktor Schauberger beobachtete auch andere Begebenheiten, die ihm bemerkenswert erschienen. Dazu gehört folgende Beschreibung eines schaukelnden Kindes: Das Kind holt sich, auf der Schaukel sitzend, durch den Wechsel von Vor- und Rückwärtsbewegungen seiner Beine und seines Oberkörpers Schwung. Dann stellt es sich auf das Sitzbrett und erhöht den Schwung durch seine rhythmische Körperbewegung. Der Schwung wird stärker, bis die Schaukelseile fast waagerecht stehen. Zusätzlich zu dem Vor- und Rückwärtsschwingen seines Körpers dreht sich das Kind nun im Halbkreis um seine eigene Achse. Beim Vorschwingen dreht es sich rechts und beim Zurückschwingen links herum. Der Schwung wird noch stärker, bis die Schaukel fast senkrecht steht.

Noch einmal zurück und knapp vor Erreichen des Kulminationspunktes schnellt sich das Kind blitzschnell in die verkehrte, bisher geübte Längsachsenrichtung, bremst damit seinen in der Längsachsenrichtung ausschwingend wollenden Körper jäh ab. Der Erfolg dieser rein intuitiven Handlung ist verblüffend. Der Körper schnellt vor und wird wie beim Anfahren eines raschgleitenden Schlittens an irgend ein Hindernis im hohen Bogen über den oberen Querbalken der Schaukel geworfen, das heißt die bisherige Schaukelbewegung ist in die Kreislaufbewegung übergegangen. In diesem immer schneller und schneller werdenden Umflug werden die um die Körperlängsachse drehenden Vor- und Rückwärtsschwingungen immer kleiner und schließlich kann man nur mehr ein ganz leichtes Hin- und Herpendeln bemerken, das sich auf immer längeren Umlaufschwingungsstrecken abspielt, so daß zuletzt eine rhythmisch verlaufende

Schlingerbewegung entsteht, die in ihrer Wechselfolge der Länge und der Seite hin kaum mehr begrenzt erscheint, weil nun der Körper in der Längsachsenrichtung sich schlangenartig windet.[119]

Die Beobachtungen lassen sich nach Viktor Schaubergers Auffassung alle auf ein gemeinsames Grundprinzip zurückführen.

Die eigene Achse

Das Universum, sagt Viktor Schauberger, beruht auf zwei verschiedenen *Bewegungsarten**. Parallel dazu gibt es zwei unterschiedliche Energiearten. Die eine ist fortpflanzend und veredelnd, die andere rückentwickelnd und zerstörend. Beide haben ihren Ursprung in der Polarität. Von der Bewegungsart hängt die Form der daraus freigesetzten Energie ab:

Beide Bewegungsarten spielen sich auf einer gemeinsamen Entwicklungsachse ab, und zwar zu gleicher Zeit. Von der Anstoßart dieses rhythmischen Bewegungsvorganges hängt es ab, welche Atom-Energieart zu guter Letzt überwiegt. In diesen Bewegungsarten ist der ganze Spielraum des Lebens eingeschlossen.[120]

Nach Viktor Schaubergers Auffassung bewegt sich alles als Folge des Wechselspiels zwischen Anziehen und Abstoßen. Die daraus entstehenden Bewegungen haben einspulenden oder ausspulenden Charakter. Das Überwiegen der einspulenden Bewegung ermöglicht sämtliche Vorgänge in der Natur, sie umfaßt die Planetenbahnen ebenso wie die Schwingung einer einzelnen Zelle. Deshalb nennt Viktor Schauberger sie *planetare* oder *originelle Bewegung**. Entscheidend dabei ist, daß die planetare Bewegung auf einer *Achse** zwei Bewegungsrichtungen vereint. Eine einspulende Spiralbewegung von außen nach innen bewirkt nach einer kurzen Pause eine ausspulende Spiralbewegung von innen nach außen (in Abbildung 32 ist eine solche Wasserbewegung in einem natürlichen Flußlauf dargestellt).

Ein Planet dreht sich um seine eigene Achse und mit dieser Drehbewegung auf einer Spiralbahn um die Achse des Sonnensystems, welches sich wiederum um eine bestimmte Achse innerhalb der Milchstraße dreht. Das ist die planetare Bewegung nach Viktor Schauberger. Er nennt sie auch *zykloide Spiralraumkurve**.
Man kann also die Bedeutung seiner Naturbeobachtungen so verstehen: Der Seeadler kreist spiralförmig um eine bestimmte Achse, auf der sich die Saiblinge ebenfalls drehen. Und die Bäume im Gebirgssee schwimmen auf einer Kreisbewegung von außen nach innen zur Drehachse in der Seemitte. Der Sog von außen nach innen verwandelt sich nach einer kurzen Pause in eine Wasserbewegung von innen nach außen. Dabei werden Levitationskräfte frei, die das Wasser mehrere Meter hoch entgegen der Schwerkraft bewegen. Auch das schaukelnde Kind dreht sich rhythmisch um seine eigene Achse. Als es aufhört, sich zu drehen, ändert sich die Schaukelbewegung. Das gleichmäßige Schwingen wird zum weiten Schlingern.

Implosive Bewegungsimpulse

Die Art der Bewegung wird nach Viktor Schauberger durch die Bewegungsauslösung bestimmt. Einen Anstoß von innen nach außen nennt er mit den lateinischen Wörtern *explosiv**, also vom Kern weg oder *zentrifugal**, das heißt aus dem Zentrum flüchtend. Analog dazu bezeichnet er einen Impuls von außen nach innen als *implosiv**, also zum Kern hin oder *zentripetal**, das heißt nach dem Zentrum strebend. Innerhalb dieser beiden Bewegungsarten gibt es wiederum Unterschiede.
Der implosive Bewegungsimpuls von außen kann physisch oder metaphysisch sein. Mit *metaphysisch** meint Viktor Schauberger immer eine Wertung. Ein metaphysischer Vorgang ist im Vergleich zum physischen höherwertig. Ein physischer Impuls ist

zum Beispiel ein Schlag oder ein Tritt, der einen Stein zum Zerspringen bringt, während ein Zerbröckeln durch Töne oder eine andere Schwingung ein metaphysischer Impuls ist. Dieser äußere Anstoß löst einen inneren Sog aus.
Viktor Schauberger unterscheidet zwischen zwei metaphysischen Bewegungsgruppen: Die *metaphysische Druckstoffgruppe** und die *metaphysische Zugstoffgruppe**. Er beschreibt diese so:

Wird ein hochfrequentes mit metallischen Keimstoffen oder mineralischen Rohstoffgebilden übersättigtes Wasser durch diffuse Sonnenenergien unter hermetischem Atmosphärenabschluß bei gleichzeitiger leichter Wärmebeeinflussung entspannt, dann kommt es zum Aufleben eines zentrisch wirkenden Wärmedruckes. Zugleich erfolgt aber auch eine innere Entspannung der hochaktiven Fruchtstoffwerte und damit eine Erstarrung der hochaktiven Fruchtstoffwerte, der Ionen- oder Elektronenkonzentrationsgebilde. Damit wird ein Mineral- und Metallwachstum erreicht.[121]

Wasser wird also zentripetal von außen nach innen bewegt. Wird dieser Vorgang lange genug wiederholt, verändert sich die Energieform des Wassers. Es erhält einen Zustand, in dem ein leichter Impuls von außen genügt, um es in eine neue Schwingung zu versetzen. Diese Schwingung ist höher als die des anfangs bewegten Wassers. Die Einwirbelung von außen nach innen hat sich in einen Sog von innen nach außen verkehrt. Das ist das Geheimnis, wie sich aus niederen Organismen höhere entwickeln: die natürliche Evolution. Das auf diese Art in eine höhere Schwingung versetzte Wasser wird wiederum entspannt. Die dabei freiwerdenden Energien ermöglichen zwei gleichzeitig stattfindende Vorgänge: Zum einen entsteht Lebensenergie, die Viktor Schauberger hier als nach innen »wirkender Wärmedruck« umschreibt, zum anderen erfolgt eine Materialisierung, eine Stoffbildung. Diese findet ihren Ausdruck als Wachstum.

Angenommen, Wasser wird lange genug einspulend bewegt, ändert seine Energieform und wird *nicht* durch einen Impuls von außen entspannt. Wird die Bewegung jedoch fortgeführt, werden negative Ionen freigesetzt. Im Kontakt mit der negativ gespannten Geosphäre werden die Ionen zu Materie und Teil der Geosphäre. Die Funktion der beiden metaphysischen Bewegungsgruppen läßt sich nach Viktor Schauberger folgendermaßen erläutern: Jeder Gruppe kommt eine bestimmte Rolle im Naturgeschehen zu. Die metaphysische Druckstoffgruppe kann man zur Wärmegewinnung und Eisbereitung, zur Erzeugung von Antriebsmitteln für Maschinen aller Art und vieles mehr benutzen. In der Natur ist sie für Vermehrung, Veredelung des organischen Wachstums sowie Mineral- und Metallbildung verantwortlich. Die metaphysische Zugstoffgruppe ist die Energie, die zum Aufbau höheren Lebens notwendig ist.[122]
Abbildung 33 zeigt die Bewegungsaspekte nach Viktor Schauberger im Zusammenhang.

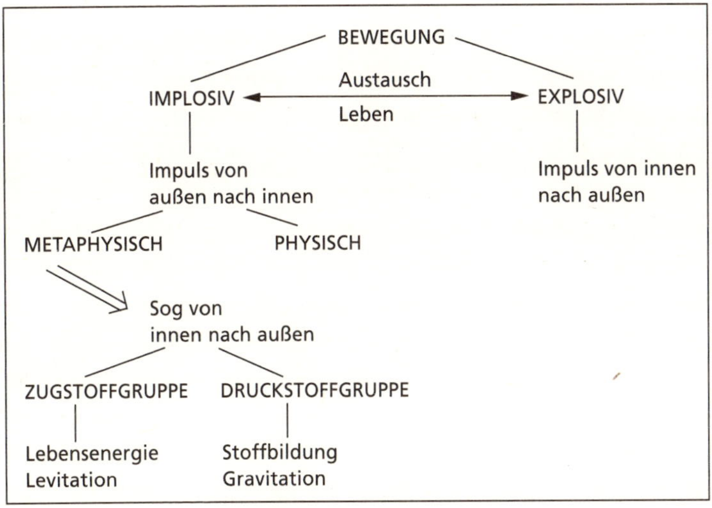

Abb. 33: Implosive Bewegungsimpulse

13. Implosion und Explosion

Jede Bewegung, sagt Viktor Schauberger, ist durch unterschiedliche Bewegungskräfte, bestehend aus Druck- und Sogkomponenten, bedingt. Jeder durch Druck ausgelösten Bewegung folgt eine Zersetzung. Diese entwickelt zusätzliche Wärme. Sie erscheint in allen Maschinen als Widerstand. Bei einer *Explosion**, also einer von innen nach außen unter Druck wirkenden Beschleunigung, wächst der Widerstand und der damit zusammenhängende Energieverlust im Quadrat. Jede explosive Bewegungsart hat den molekularen Zerfall der bewegten Masse als Begleiterscheinung.

Die entgegengesetzte Bewegung, die *Implosion**, wird durch einen Zug oder Sog von außen nach innen ausgelöst. Bei einer implosiven Beschleunigung sinkt der Widerstand im Quadrat. Es wird im Gegenteil zusätzliche Energie frei.

Die Bewegungsart entscheidet über Energieaufbau oder -abnahme. Die bewußte oder unbewußte Ausschaltung bestimmter Energiearten hat ökologische Zerstörungen zur Folge. Diese sind nach Viktor Schauberger nichts anderes als die Auswirkungen der zum Einsatz gebrachten Zersetzungsenergien.[123]

Viktor Schauberger erkannte, daß die gesamte moderne Technik nach dem Explosionsprinzip arbeitet:

Wir bewegen alles verkehrt. Was wir machen, ist falsch und naturwidrig. Die Natur bewegt anders. Sie verwendet primär ziehende, das heißt Sogenergien, da diese von der Natur für den Aufbau und für die Erhaltung des Lebens unerläßlich sind. Die Natur wendet die Druckenergien und Explosivkräfte nur für Qualitätsminderung und Zerstörung an.[124]

Kernenergie

Nach Viktor Schauberger ist die Lösung aller Energieprobleme das Wasser. Die Nutzung von Energie aus Wasser zur Elektrizitätserzeugung ist technisch möglich. Hierbei handelt es sich um eine kalte Umwandlung von Wasserstoff in Helium. In einem Kernkraftwerk geschieht genau das Gegenteil. Die Kernspaltung ist für Viktor Schauberger ein physikalischer Zerstörungsprozeß: Negative Atome werden mit positiven Strahlen beschossen. Dabei geben die negativen Teilchen mehr Energie ab, als die positiven Strahlen benötigen. Damit lösen sie einen Zersetzungsprozeß aus:

Auch die Atomphysiker arbeiten total verkehrt. Sie sollten richtigerweise bei der einfachen Kernfusion beginnen. Sie sollten bei der kalten Umwandlung von Wasserstoff in Helium den Anfang machen, wie es die Natur auch in den Jahrmillionen bei der Schöpfung getan hat. Die heutige Technik zäumt das Pferd beim Schwanze auf, indem sie die schwersten Atome unter ungeheurem Energieaufwand und größter Hitzeentwicklung sprengt.[125]

In diesen wenigen Sätzen äußert sich Viktor Schaubergers Kritik an der modernen Atomtechnik. Als besonders gefährlich im Vergleich zur herkömmlichen Stromgewinnung empfand Schauberger die Elektrizitätsgewinnung in Kernkraftwerken. Er war von Anfang an ein entschiedener Warner vor dieser Energiequelle.

Abbildung 34 zeigt vereinfacht, wie bei der modernen Kernexplosion ein großes Atom unter Druck zerstört wird. Dabei werden Radioaktivität und Wärme frei.

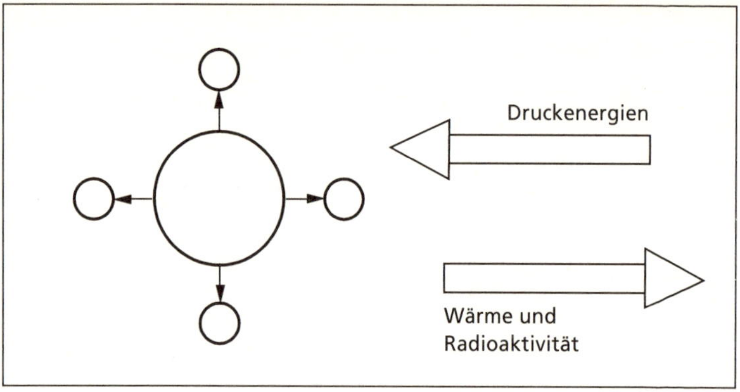

Abb. 34: Prinzip der Kernexplosion

Viktor Schauberger schlägt zur Energiegewinnung eine implosive Verdichtung von Wasserstoff zu Helium vor. In Abbildung 35 ist vereinfacht dargestellt, wie eine solche Kernfusion unter Sog funktioniert.

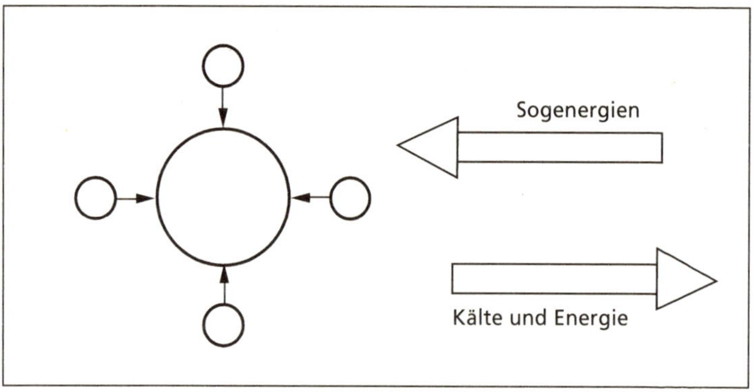

Abb. 35: Prinzip der Kernimplosion

Viktor Schauberger hält die Kernenergienutzung unter Druck für einen Syntheseprozeß, der Leben zerstört. Die Wirkungsweise ist der Lebenerhaltung genau entgegengesetzt:

Wärme kann immer nur übermäßig entstehen, wenn verkehrte Syntheseprozesse vor sich gehen, das heißt der Befruchtungs- oder der Sauerstoff aus irgendwelchen Gründen frei, aktiv, einpolig und damit aggressiv wird. Durch den Wärmeeinfluß wird dann der Fruchtstoff (Kohlenstoff) inaktiv und wird leichter gebunden. Wärmeaufbau geht auf Kosten des Lebensaufbaues. Zur Erwärmung eines Kubikmeters Wasser um +0,1°C benötigt man eine Energie, die einer Leistungskraft von 42 700 kg/m entspricht.

Dies zeige, meint Schauberger, wieviel Energie verlorengeht, wenn sie nicht durch organische Synthese gebunden wird.

Die übermäßige Wärme ist darum der Vernichtungswille in der Natur, dem alles zum Opfer fällt, das krank und zur weiteren Entwicklung unbrauchbar geworden ist.[126]

Viktor Schauberger hält die Erwärmung eines Kubikmeters Wassers um 0,1°Celsius für erheblich. Diese scheinbar irrelevante Temperaturzunahme kann ungeahnte Auswirkungen haben. Interessant erscheint diese Bewertung im Hinblick auf die durch ein Kernkraftwerk hervorgerufene Temperaturerhöhung der umgebenden Medien. Die Temperaturerhöhung eines Flusses nach der Einleitung von Kühlwasser aus einem Kernkraftwerk beträgt »nur« wenige Grad Celsius.

Laborversuche

Um seine Thesen zu veranschaulichen, führte Viktor Schauberger Versuche durch, die leider nicht alle dokumentiert sind. Um verschiedene Energiearten sichtbar zu machen, experimentierte er mit Vakuumröhren. Die – wie er sie nennt – zersetzende, druck- und wärmesteigernde Energie wird in Vakuumröhren mit einem stark pulsierenden, dunkelroten Lichtschein sichtbar. Die entgegengesetzte, aufbauende, druck- und wärmefreie Energie erscheint als zittriger, bläulich-grüner Lichtschein. Viktor Schauberger unterscheidet zwischen warmen und kalten Lichterscheinungen. Letztere strahlen nach allen Seiten und ermöglichen im umgebenden Medium eine Steigerung. Durch unterschiedliche Lichteffekte in Vakuumröhren kann man messen, welche Energieart dominant ist.

Bei einem anderen Versuch wird ein Wassertropfen mittels einer Leydenerflasche akkumuliert und von dieser in Benzin geführt. Je höher zuvor die Spannung in der Leydenerflasche stieg, desto größer ist die Stichflamme. Damit ist nach Viktor Schauberger der Beweis erbracht, daß es sich beim Ausüben von Druck auf Wasser um einen überwiegend bioelektrischen*, also Wasser zersetzenden Vorgang handelt. Nach seiner These ist es einerlei, ob man das Wasser an die Wand der Leydenerflasche drückt oder umgekehrt eine Wand, zum Beispiel einen Pflug, gegen das Wasser. In beiden Fällen entsteht eine lebenzerstörende Energie. Dieser Prozeß wird besonders gefördert, wenn die Düse oder die Druckwand aus Eisen ist.

Genau entgegengesetzt wirkt eine kupferne Düse oder Druckwand aus Kupfer, die so geformt ist, daß mit der Beschleunigung ein Druckabfall entsteht. Die meßbare Stromkapazität ist die gleiche, sie entsteht jedoch durch eine verdichtende Wirkung.[127]

1931 hat Viktor Schauberger die ersten »Wasserfadenversuche« durchgeführt. Wie er behauptet, habe er dabei die 1892 zur »Wasserinfluenz-Elektrizität« von Philipp Lenard durchgeführten Versuche rekonstruiert. Es wurden Ladungsgrößen von 400 bis 500 Volt gemessen.[128]

1938 sollte sein Sohn diese Versuche wiederholen. Das Ergebnis waren Ladungsgrößen von 15000 bis 20000 Volt. Schon vor Philipp Lenard hatte bereits William Thomson (Lord Kelvin of Largs) mit solchen Versuchsanordnungen experimentiert. Olof Alexandersson ist der Ansicht, daß Walter Schauberger sich an

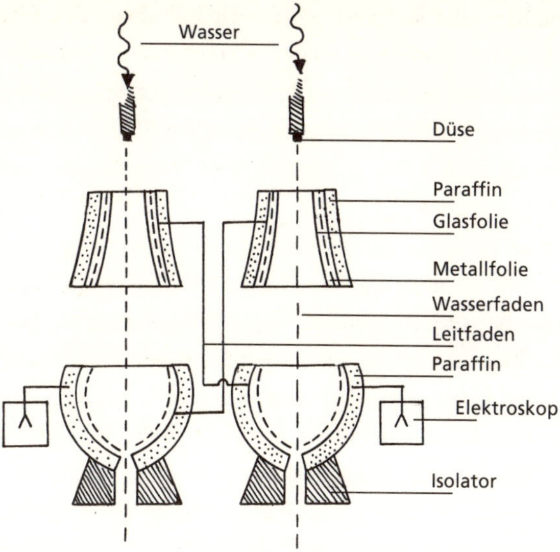

Abb. 36: Wasserfadenversuche

William Thomson orientierte.[129] Abbildung 36 zeigt die Anordnung der Wasserfadenversuche.

Wasser fließt durch eine Düse mit einem Durchmesser von 0,3 bis 1 mm mit einem Druck von 1 bis 3 at in ein Gefäß, welches innen mit einer Metallfolie ausgekleidet und außen von einer Paraffinschicht umgeben ist. Bei diesem Vorgang erzeugt das Wasser eine elektrische Spannung, die einen Ausschlag am Elektroskop hervorruft. Dafür sind eine Verbindung des Elektroskops mit der Metallfolie und ein Reflektorschirm aus Paraffin in der Nähe des Wasserfadens notwendig. Der Düsendurchmesser und die Entfernung des Reflektorschirms beeinflussen die Stärke des Effekts.[130]

Diese Versuche sollen beweisen, daß Wasser eine Eigenspannung besitzt, die in elektrische Energie umgewandelt werden kann.

In Anlehnung an die Experimente von Viktor und Walter Schauberger hat Olof Alexandersson viele Laborversuche durchgeführt und die These bestätigt. Daß die gemessenen Spannungen in den letzten Jahren deutlich zurückgegangen sind, deutet Olof Alexandersson als ein Zeichen des globalen Wasserzerfalls.[131]

Das biologische Vakuum

Ferdinand Sauerbruch entdeckte 1908, daß zwischen Lungenoberfläche und Rippenfell Unterdruck herrscht. Viktor Schauberger bezieht sich in seinen Schriften wiederholt auf diese Entdeckung: Ohne diesen Unterdruck gäbe es keine Beatmung der Nahrung, die ja schließlich auf diese Weise im Diffusionsweg in die geschlossenen Blut- und Saftbahnen gelangt. Viktor Schauberger sieht in diesem Unterdruck einen Biomagnetismus*, der an besondere Blut- und Saftarten gebunden ist; dieser läßt sich weder exakt messen noch wiegen.

Alle organisierten Lebensformen saugen diffusen Sauerstoff ein. Wird Sauerstoff eingepreßt, entsteht Krankheit. Pumpt man einem Menschen zu lange reinen Sauerstoff in die Lungen, kann das bei Erwachsenen zu Lungenentzündung, bei Kindern zu Blindheit führen.

Den durch Sog entstandenen Unterdruck bezeichnet Viktor Schauberger als *biologisches Vakuum**.

Er schlägt vor, die Naturordnung wiederherzustellen, indem eine biomagnetische Anziehungskraft auf maschinellem Weg hergestellt wird. Dazu muß man nach seiner Behauptung gewöhnliche Luft im Bruchteil einer Sekunde in chemisch reines Wasser verwandeln, wobei ein 1700facher Volumenabfall eintritt. Die Anziehungskraft des so erzeugten Unterdrucks ist stärker als jeder Explosionsdruck. Auf diese Weise kann man künstliches Wasser in beliebiger Menge erzeugen. Dieses Wasser läßt sich dann in Edelwasser rückumwandeln.[132]

Die so zustande gekommenen Implosionsprodukte sind schon raumlose Entwicklungsprodukte, wodurch im Gärgefäß das biologische Vakuum entsteht. Das biologische Vakuum ist die Funktion einer überwiegend magnetisierten Erd-, Wasser- und Luftmasse. Es ist die metaphysische Urkraft des Lebens.[133]

Mit anderen Worten, das biologische Vakuum entsteht, wenn man feste, flüssige oder gasförmige Medien unter Ausschluß atmosphärischer Licht- und Wärmeeinflüsse einspulend bewegt. Die Voraussetzung dafür ist, daß sich diese Medien in einem naturbelassenen Zustand befinden. Ist die Natur- und insbesondere die Wasserzerstörung zu stark fortgeschritten, kann das biologische Vakuum nicht mehr ausgelöst werden.[134]
Die Bewegung bewirkt, durch Kettenreaktionen erzeugt, eine Volumenverkleinerung. Der gleichzeitig entstehende Unterdruck ist eine ideale Antriebskraft. Von Viktor Schauberger erfundene Maschinen erzeugen durch eine implosive Beschleunigung von Wasser oder Luft einen Unterdruck. Dieser hat eine Sogwirkung auf die umgebenden Medien. Also werden sie durch die Verbindung des in Wasser und Luft enthaltenen Sauerstoffs durch Kohlenstoffe angetrieben. Damit zeigt Viktor Schauberger eine Möglichkeit auf, wie man u. a. Elektrizität erzeugen kann, ohne die Rohstoffe Holz, Kohle, Gas oder Öl zu verschwenden:

In diesem Falle gelingt es, gegengespannte Grundstoffbestände (erstarrte Sonnenenergie), chemisch Sauerstoff genannt, durch Inhaltswerte der Geschiebestoffe des Wassers und der Luft zu binden. Die Bedingung dafür ist, daß ein hermetischer Licht-, Wärme- und Luftabschluß geschaffen ist und die vorgenannten Medien einspulend bewegt werden. Zusätzlich erfolgt eine hohe Erregung durch geeignete Katalysatoren.[135]

Zur technischen Umsetzung der implosiven Bewegungsart heißt es ergänzend, daß der Antrieb für alle zentripetal arbeitenden

Maschinen auf beliebige Art je nach Beigabe bestimmter Stoffe erfolgen kann. Die Bindung der beigefügten Stoffe wird durch die zentripetale Bewegungsart erreicht. Besonders geeignet sind Kupfer, Silber, Gold, Kunstharze mit und ohne metallischer oder mineralischer Einstreuung, Natursteine, Hölzer und Kombinationen dieser Stoffe. Katalysator und einzubauende Stoffe müssen in einem bestimmten energetischen Wechselverhältnis stehen. Die energetische Kopplung kann außerdem durch direkte Einstrahlung verschieden frequenten Lichts oder durch mechanische Schwingungserregung erfolgen. Die mehrfache Einspulung führt zu einem Temperaturabfall, zur spezifischen Verdichtung, wie das beim Wasser der Fall ist. Die Medien Wasser und Luft fördern den Effekt der spezifischen Verdichtung. Er ermöglicht wesentliche Leistungssteigerungen und kann zum Beispiel Turbinen, Schiffe oder Flugzeuge antreiben. Zur Verhinderung der Inkrustierung in Rohren und der Ablagerung in Gerinnen, zur Umwandlung von Meer- in Süßwasser oder bei der Reinigung von Trink- und Nutzwässern kann er ebenfalls eingesetzt werden.[136]

14. Von der Forelle kopiert

Wiederholt berichtet Viktor Schauberger von der Beobachtung einer Standforelle im Gebirgsbach; auch dies ist eine seiner Schlüsselbeobachtungen. In einer mondhellen Nacht zur Laichzeit saß er einmal neben einem Wasserfall und betrachtete die Fische im Gebirgsbach. Eine besonders große Forelle näherte sich stromaufwärts und schwamm schließlich den Wasserfall hinauf:

> Es schien, als würde sich die Forelle wiegen und sie tanzte in stark ausgeprägten Schlingerbewegungen eine Art Reigen im wellenden Wasser. Plötzlich verschwand sie unter dem wie Metall einfallenden Wasserstrahl. Die Forelle richtete sich kurz auf und ich sah eine wilde Kreiselbewegung. Aus dieser löste sich die verschwundene Forelle und schwebte bewegungslos aufwärts.[137]

Viktor Schauberger bemerkte fasziniert, wie die Forelle Schwerkraft und Strömung problemlos überwand. Daraufhin beobachtete er das Verhalten der Forellen so lange, bis er glaubte, ihre Kiemenatmung als Motorantrieb kopieren zu können.

Die Forelle

Außer in der Fortpflanzungszeit, erklärt Viktor Schauberger, ist allein die Futteraufnahme der Grund jeder Forellenbewegung. Wird die Forelle erschreckt, flieht sie blitzschnell stromaufwärts, um nach einer Weile wieder ihren alten Platz einzunehmen. Die Forelle steht in der Regel in der Achse der Kernwasserschichten*; nämlich dort, wo die Wasserteilchen sind, die der Temperatur von +4 °Celsius am nächsten sind. Die in dieser Achse fließenden Wasserteilchen haben die relativ größte Geschwindigkeit. In dieser Flußachse befinden sich alle Teile, die schwerer als Wasser sind.

Viktor Schauberger beobachtete das unterhalb der Quelle unter dem Einfluß von Licht und Wärme im Wasser entstehende mikroskopische Kleinleben und erklärte, warum die Fische zur Laichzeit bestimmte Orte im Quellgebiet eines Flusses aufsuchen. Das an der Oberfläche stark erwärmte Wasser fließt langsamer als das in den tieferen, kälteren Schichten. Es entstehen stromaufwärts laufende Wasserwalzen, die das auf dem Wasser schwimmende Futter mitführen. Die Gründe des Rückgangs des einstigen Fischreichtums führt er auf das im Oberlauf selten gewordene gesunde Wasser zurück.

Die Forelle im kalten Gebirgswasser steht im Stromstrich. Sie beeinflußt durch ihre glatte, glitschige Hautoberfläche die Geschwindigkeit des vorbeifließenden Wassers. Das durch das Körpervolumen der Forelle verdrängte Wasser steht unter Druck und gleitet mit erhöhter Geschwindigkeit am schleimigen Körper ab. Die Geschwindigkeit des bewegten Wassers hängt von der Wassertemperatur ab. Aufgrund der Druckveränderung wird die Geschwindigkeit derart erhöht, daß sich Turbulenzen und Gegenströmung bilden. Durch die Gegenströmung des Wassers bildet sich eine neutrale Zone, in der die Forelle mühelos still steht.[138]

Das Kiemensystem der Forelle funktioniert nach Schauberger in der Weise, daß das durchfließende Wasser spiralartig gedreht wird. Die Forelle nimmt mit der Kiemenatmung die negativen Stoffe des kalten Gebirgsbaches auf und verstärkt deren negative Ladung durch die Verwirbelung in den Kiemen. Dieser Vorgang ist um so stärker, je kräftiger die Gegenströmung ist. In den

Kiemen kreuzen sich positive und negative Spannungen. Es folgt ein Spannungsausgleich bei gleichzeitiger Entladung, zusätzlich wird Energie freigesetzt. Einerseits entsteht aufsteigende Energie, die es der Forelle ermöglicht, entgegen der Schwerkraft den Wasserfall hochzuschwimmen. Andererseits tritt das entspannte Wasser aus den Kiemen aus, umschließt den Forellenkörper und verbindet sich mit dem Bachwasser. Auf diese Weise wird Wasser gebildet, welches entlang der Forelle spiralförmig zurückströmt. Der tropfenförmige Forellenkörper ist folglich die Längsachse für die zykloide Kurvenbewegung des neu gebildeten Wassers. So entsteht in Achsenrichtung ein Druck, der es der Forelle ermöglicht, im strömenden Wasser einen Gegenstrom zu erzeugen und still zu stehen.[139]

Viktor Schauberger bemerkt, daß die Forelle durch die Kiemenatmung auch kleinere Unregelmäßigkeiten ausgleichen kann. Hierbei handelt es sich um einen physikalischen Vorgang. Diese Wirkungen lassen sich bis zu ungewöhnlich hoher Leistung steigern.

Das Geheimnis der Bewegung der Fische liegt nach seiner Auffassung in der Ausnutzung der Wasserbewegungsgesetze. Schiffe im Wasser, ebenso Flugzeuge in der Luft, sollten sich nach eben diesen Gesetzen bewegen, um das jeweilige Medium sicher als Transportmittel nutzen zu können.

Repulsator

Die Beobachtung der Standforelle ist die Grundlage einer technischen Nachbildung der Kiemenatmung. Zwei verschiedene Modelle dieser Erfindung gibt es.

Viktor Schauberger berichtet, er sei 1940 beauftragt worden, eine Zugschraube für Flugzeuge zu entwickeln. Er nannte dieses Gerät *Repulsator**. Die Schraube sollte durch Rückumwandlung von Luft in Wasser einen regulierbaren Unterdruck erzeugen, mit dessen Hilfe das Flugzeug angetrieben werden sollte. Er kopierte diese Bewegungsart von der Forelle.[140]

Olof Alexandersson hat recherchiert, daß Viktor Schauberger den Repulsator bereits 1939 in einem Brief an seinen Bruder Adolf erwähnte. Im selben Jahr erklärte er seinem Sohn Walter das Prinzip der Maschine. Ihr Kernstück war eine bewegliche Doppelmembran, welche mittels einspulender Bewegung die Umwandlung gewährleisten sollte. 1940 meldete er »Verfahren und Vorrichtung zur atomaren Umwandlung tropfbarer, flüssiger oder gasförmiger Stoffe« als Patent an. Dem Patentgesuch wurde nicht stattgegeben.[141]

Bis 1943 hatte Viktor Schauberger verschiedene erfolglose Versuche unternommen, seinen Repulsator zu realisieren. 1943 wurde ihm befohlen, im KZ Mauthausen als Zivilangestellter einen Motor für Flugzeuge und Unterseeboote zu bauen. Dort wurde mit der Konstruktion von zwei Maschinen begonnen. Die eine ist eine Weiterentwicklung des Flugzeugmotors mit Luftantrieb. Olof Alexandersson schreibt, daß zunächst ein »stationärer Implosionsmotor« entwickelt wurde, den Viktor Schauberger noch Repulsator, später *Repulsine** nannte.

Die zweite im KZ konstruierte Maschine war eine Weiterentwicklung des Wasserveredelungsapparates. Der eiförmige Behälter sollte Wasser mit gewissen Zusätzen in Benzin verwandeln. Diese Maschine wurde später Repulsator genannt. Sie hat das Entwurfsstadium nie verlassen, gedacht war sie als ein Unterseeboot nach dem Prinzip der Forellenatmung. Ähnlich wie bei der Forelle wird Wasser eingesaugt, verwirbelt, verdichtet und nach Rückgabe an die Umgebung entlang des tropfenförmigen Körpers zykloid bewegt.

Die Grundidee der Modelle ist, eine doppelte Zelle technisch in vergrößertem Umfang nachzubilden. Es wird eine Zellmembran

bzw. ein Durchgang zwischen zwei Zellmembranen nachgebildet. Die Wasserverwirbelung in den Kiemen der Forelle wird durch Vibration nachgeahmt.
Olof Alexandersson hat zum Repulsator umfassende Recherchen für die Neuauflage seines Buchs gemacht.[142]

15. Das Doppeldrallrohr

Die Wasserqualität hängt, so Viktor Schauberger, von der Wasserbewegung ab. Wasser, welches über weite Strecken mit Druck durch Rohre gepumpt wird, hat eine positive Energieform. Solches Wasser ist weder als Trinkwasser noch zum Antrieb von Maschinen nach dem Implosionsprinzip geeignet. Deshalb suchte Viktor Schauberger in der Natur nach Vorbildern für Wasserleitungen.

Eine Schnecke als Vorbild

Die Blutgefäße einer Schnecke dienten Schauberger als Vorbild für die Konstruktion von Wasserleitungen. Leider geht aus seinen Schriften nicht hervor, ob er die Schnecke experimentell analysiert, eine Zeichnung betrachtet oder eine andere Quelle zu Verfügung hatte. Vor der ausführlichen Erläuterung der patentierten Wasserleitungen soll zunächst eine Beobachtung zitiert werden:

> Untersucht man die Blutgefäße einer Schnecke, so sieht man, daß dieses Tier zweierlei Blutgefäßsysteme von verschiedener Farbe aufweist, wobei die äußeren Gefäßsysteme lichteres, die inneren Gefäßsysteme dunkleres Blut führen.

Die helle Farbe führt Viktor Schauberger auf einen erhöhten Sauerstoffgehalt und die dunkle auf überwiegende Kohlenstoffe zurück. Das dunkle Blut in der Mitte enthält außerdem suspendierte Stoffe, während das helle am Rand gelöste Stoffe transportiert.

Auch die auf eine Gerade projiziert gedachte Fortbewegungsgeschwindigkeit ist an den Randzonen kleiner als in der Mitte. Dabei ist aber zu beachten, daß dieser Geschwindigkeitsunterschied nur ein scheinbarer ist, da die Fortbewegungsgeschwindigkeit der inneren Flüssigkeitsteilchen nur deshalb größer erscheint als die der äußeren Blutpartikelchen, weil letztere eine Bahn beschreiben müssen, die ungefähr einer Schraubenbewegung innerhalb einer Schraube entspricht, während die inneren Blutpartikelchen fast nur eine einfache Schraubenbewegung ausführen.

Für den Beobachter beschreibt das sauerstoffhaltige Blut also eine doppelte Schraubenbewegung um die einfache Schraubenbewegung des kohlenstoffhaltigen Bluts herum. Viktor Schauberger erklärt, daß diese einfache Schraubenbewegung in Wirklichkeit auch eine doppelte ist. Das menschliche Auge kann sie jedoch nicht wahrnehmen, da es sich um eine energetische handelt:

Dieser Tatsache kommt aber eine viel höhere Bedeutung zu, da es sich hier um psychische Aufwertungsvorgänge handelt, die den »Charakter« des Blutes und im Verlaufe des weiteren Aufbaues den Charakter bzw. die Psyche des jeweiligen Lebewesens beeinflussen.[143]

Die erwähnte doppelte Schraubenbewegung der Blutkörperchen hat nach Viktor Schauberger entscheidenden Einfluß auf den Stoffgehalt und die energetische Ladung des Bluts.
Wie bereits dargestellt wurde, hat er die gleiche, bei einer schwimmenden Schlange beobachtete Bewegung durch den Einbau von Leitschienen in den Holzschwemmanlagen erzeugt. Die gleiche Schraubenbewegung soll durch den Einbau von Leitschaufeln im Flußlauf erreicht und dadurch dessen innere natürliche Bewegung wiederhergestellt werden. Die Idee liegt nahe, durch die gleiche Bewegung in Wasserrohren die Qualität des geleiteten Trinkwassers zu erhalten oder sogar zu verbessern.

Aufgrund der Beschreibung des Blutkreislaufs in der Schnecke ist klar, daß allein mit dem Material der Rohre die gewünschte Qualitätsverbesserung des Wassers nicht zu erreichen ist.
Ähnlich wie in den Blutgefäßen der Schnecke müssen in den Wasserleitungen ein äußeres sauerstoffreiches und ein inneres kohlenstoffreiches System etabliert werden. Beide Systeme müssen sich jeweils einfach bzw. doppelt schraubenartig bewegen.
Für die technische Umsetzung dieser Idee hat er das bereits oben erläuterte System der Leitschaufeln weiterentwickelt. Die beschriebenen Leitschaufeln an den Gerinnewänden werden durch ein in sich gedrehtes Leitelement ersetzt. Das patentierte *Doppeldrallrohr** zeigt Abbildung 38.

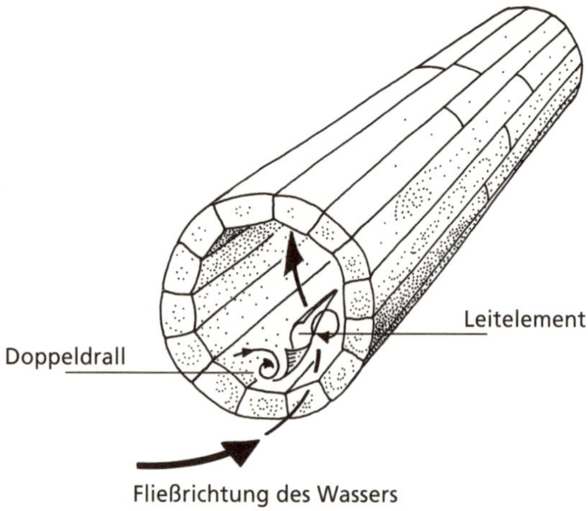

Abb. 38: Doppeldrallrohr

Das Leitungsrohr besteht aus Holz, das Leitelement ist aus Edelmetall. In einem Rohr werden in regelmäßigen Abständen Leitelemente von innen mit Nägeln aus Edelmetall befestigt. Die Fließrichtung des Wassers an der Rohrinnenwand verläuft drallartig wie in einer Schraube entlang der Pfeilrichtung, wodurch es in einzelne stabile Wirbelgebilde zerlegt wird. Beim Kontakt mit dem Leitelement wird der Wasserstrom in eine zusätzliche Drallbewegung versetzt. Es entsteht ein Doppeldrall, das heißt eine schraubenförmige Unterbewegung innerhalb der Schraubenbewegung des gesamten Wassermantels. Innerhalb dieses Wassermantels fließt die voreilende Wasserbewegung in der Rohrmitte. Der Effekt wird verstärkt durch konisch zulaufende Rillen auf den Leitelementen.[144]

Der Stoff- und Energiekreislauf im Doppeldrallrohr

Neben dem mechanischen Kreislauf entsteht nach Viktor Schauberger im Innern des Rohrs ein energetischer Kreislauf. Die Abbildungen 39 bis 41 zeigen schematisch den Stoff- und Energiekreislauf im Doppeldrallrohr in drei zeitlich aufeinanderfolgenden Phasen.

In der *Anfangsphase* (Abb. 39) treten als Folge der doppelten Schraubenbewegung gleichzeitig Zentrifugal- und Zentripetalkräfte auf. Diese bewirken, daß alle Körper, die schwerer als Wasser sind, mittig geführt, während alle, die leichter sind, an den Rand gedrängt werden. Durch Reibung erzeugte Wärme führt zu einer Abspaltung von Sauerstoff, welcher gemeinsam mit allen Bakterien und gelösten Stoffen an den Rand abwandert. Mit zunehmender Sauerstoffkonzentration sterben pathogene Bakterien ab, nicht pathogene bleiben teilweise erhalten. Während das äußere Wassersystem durch Sauerstoffreichtum gekennzeichnet ist, weist das innere als Folge der Sauerstoffabspaltung einen erhöhten Kohlenstoffanteil auf. Die gestrichelte Linie ist der Grenzbereich zwischen den Wassersystemen, die äußere durchgezogene Linie ist das Holzrohr. Wie bei dem Blutgefäß der

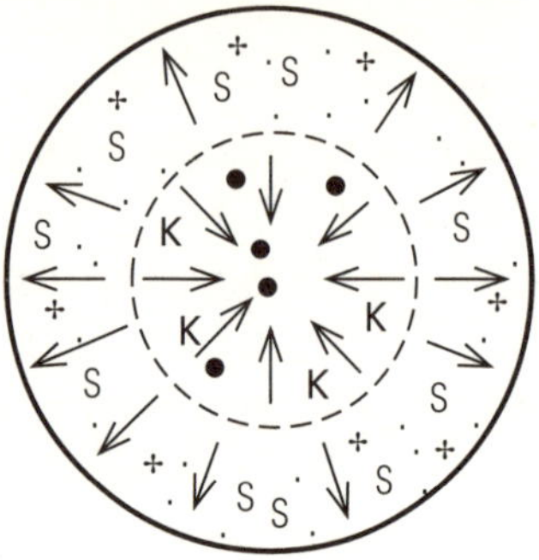

Abb. 39: Anfangsphase

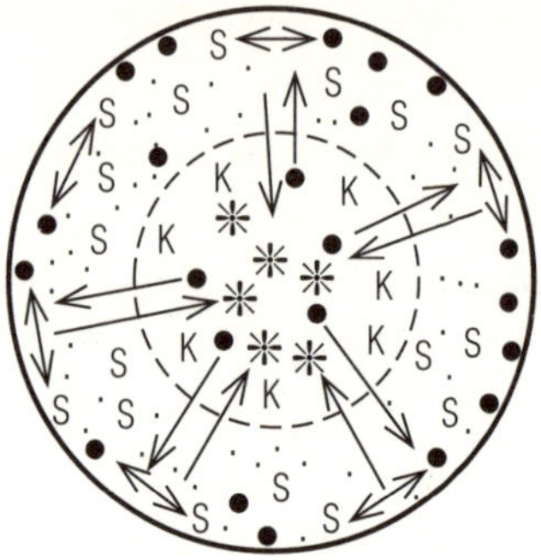

Abb. 40: Zwischenphase

Abb. 41: Endphase

✻ = Energie
S = Sauerstoff
K = Kohlenstoffe
• = Körper, die schwerer sind als Wasser
+ = Bakterien
· = Körper, die leichter sind als Wasser

Abb. 39–41: Stoff- und Energiekreislauf im Doppeldrallrohr in drei Phasen

Schnecke macht das äußere System eine doppelte mechanische Schraubenbewegung, während das innere eine einfache mechanische und eine zweite energetische erfährt.

In der *Zwischenphase* (Abb. 40) eilt das innere Wassersystem vor. Infolgedessen finden weitere Ausgleichsvorgänge zwischen dem inneren energiereichen Wasser und den in ihm enthaltenen schweren Körpern statt. Deren Produkte wiederum wandern nach und nach an den Rand ab. Dort treten sie mit dem Sauerstoff in Ausgleich und kehren teilweise in Form von Energie zu

dem inneren Wasserkern zurück. Der andere Teil wird durch mechanischen Druck an die hölzerne Rohrwandung gepreßt, begibt sich mit dieser in Ausgleich und verstopft die Poren des Holzes, welches so besonders widerstandsfähig wird.
In der *Endphase* (Abb. 41) ist ein stabiler Zustand eingetreten: Wenn ein gewisser Gleichgewichtszustand der Verteilungsverhältnisse im Wasser und der Ausgleichsvorgänge an den Rohrwänden erreicht ist, ist das Wasser reif* und das Holz von innen versiegelt. Im Grenzbereich des inneren und äußeren Wassersystems kommt es ständig zu Ausgleichen zwischen den Kohlenstoffanteilen und den Sauerstoffen. Die auf diese Weise erzeugten Energien sorgen für eine Aufwertung oder den Erhalt der Wasserqualität.[145]

Die doppelte Schraubenbewegung

Norbert Harthun erläutert die wesentlichen Merkmale des Doppeldrallrohrs:

Die Strömung sollte einen Drall im Ganzen besitzen (Drehung um die Längsachse). Die an die Rohrwandungen anschließenden Flüssigkeitsteilchen werden auf die Geschwindigkeit Null gebremst und erzeugen störende Randturbulenzen (Wälzvorgänge).

Die Leitelemente bewirken, daß ein Teil der Strömung in Richtung Rohrmitte gelenkt wird. Der Wassermantel bewegt sich also auf einer Schraubenbahn um einen unbeeinflußten und sich ebenfalls drehenden Wasserkern. Innerhalb des Wassermantels finden zusätzlich schraubenförmige Unterbewegungen statt:

Um das Voreilen der Kernmassen zu begünstigen, wendet Viktor Schauberger jetzt der um den Kern verseilten Schrauben-Strömung, dem Wassermantel, seine Aufmerksamkeit zu: Jedem sich in einer Schraubenbahn um den Kern bewegenden, abgetrennten Strom-

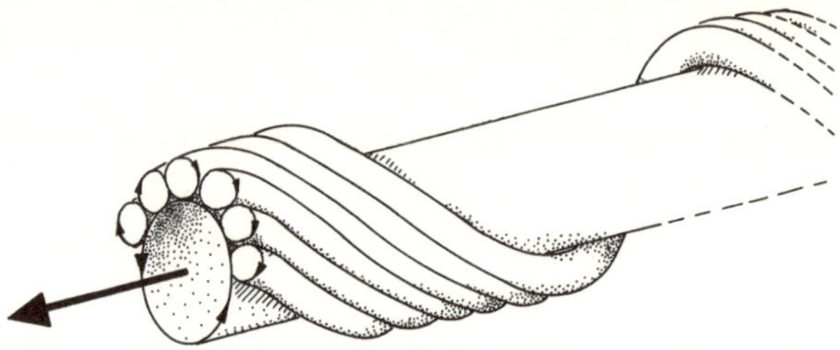

Abb. 42: Schema einer schraubenförmigen Unterbewegung in der Schraubenbewegung

fadenbündel erteilt er zusätzlich eine schraubenförmige Unterbewegung (Umwälzbewegung, in sich stabile Wirbelgebilde).[146]

Abbildung 42 zeigt einen sich drehenden Strömungskern des Wassermantels, um den sich außen wiederum kleine in sich drehende Unterkerne winden (nach Harthun 1996).

In einem Brief an die Verfasserin schreibt Norbert Harthun:

Glücklicherweise hat sich Schauberger in seinen Patenten präzise zur naturrichtigen Wasserführung – wie er sie meint – geäußert, die er an vielen anderen Stellen immer wieder zykloide Bewegung nennt und der er wahre Wunder zuspricht: Temperatur-Erniedrigung, An- und Auftriebseffekte, Lebenskraftaufbau usw. Im Patent Nr. 11 77 49 verlangt er einen Drall der Strömung.
Patent Nr. 13 45 43 bringt mehr Einzelheiten zur Drall-Erzeugung einer Schaufel, die das Wasser von der Wand gegen die Mitte der Wasserführung drängt. Dem Patent Nr. 13 82 96 entnimmt man die Aussage: Die Erfindung bezweckt nun, die Randzone in einzelne Wirbelgebilde zu zerlegen, die infolge ihrer inneren Stabilität sozusagen feste, wenig zur Auflösung neigende Gebilde sind, die in ihrer Gesamtheit einen das Voreilen des Wasserkernes begünstigenden Wassermantel ergeben. Sie haben die Aufgabe, den Wasserfäden der Randzone des Wasserstromes eine schraubenförmige Unterbewegung in der Schraubenbewegung des gesamten Wassermantels zu geben.[147]

Viktor Schauberger benutzte Doppeldrallrohre u. a. bei der Flußregulierung. Durch den Doppeldrall wurde das Wasser gekühlt und das negative Temperaturgefälle erreicht. Er beobachtete ein Doppeldrallrohr, welches die Verbindung zwischen einem nach seiner Anleitung gebauten Stausee und dem abfließenden Wasser herstellte. Das warme Seewasser floß in einem spiralartigen *Sogwirbel** in das Rohr. Während Viktor Schauberger im Regen den starken Sogwirbel beobachtete, floß von seinem Hut das Regenwasser wie aus einer Dachrinne in das Sogloch. Jedoch anstatt wie erwartet hineinzufließen, breitete es sich über dem Loch aus und umschloß den Sogtrichter mantelförmig. Plötzlich schoß ihm ein eiskalter Wasserstrahl ins Gesicht.[148]
Nach Lars Jörgenson kann man dieses Phänomen so erklären: Im Sogwirbel entstehen negativ gespannte Syntheseprodukte. Treffen diese eine tiefere Lufttemperatur als die des Wassers an, dann strahlen sie expansiv aus. Diese verhindern den Wassereintritt und sind für den reaktiven Aufsog verantwortlich, der Viktor Schauberger als Strahl ins Gesicht schoß. Die Aktivität der negativen Syntheseprodukte ist nur unter Kälteeinfluß stärker als die der positiven.[149]
Wie Viktor Schauberger meint, bestehen zwischen Wasser und Luft Temperaturdifferenzen. Die Lufttemperatur ist niedriger als die des Wassers. Im inneren Bereich des Rohrs strömt das wärmere Wasser, während außen die kältere Luft ist. Was im Wasserkreislauf der Pflanzen abläuft, geht im Doppeldrallrohr ähnlich vor. Es handelt sich in beiden Fällen um Druck- und Sogkräfte, die auch die Blut- und Pflanzensaftzirkulation erklären. Will man den natürlichen Stoffwechselkreislauf so erhalten, daß lebenbildende Energien überwiegen, müssen die Sogkräfte über den Umweg negativer Energieformen verstärkt geschaffen

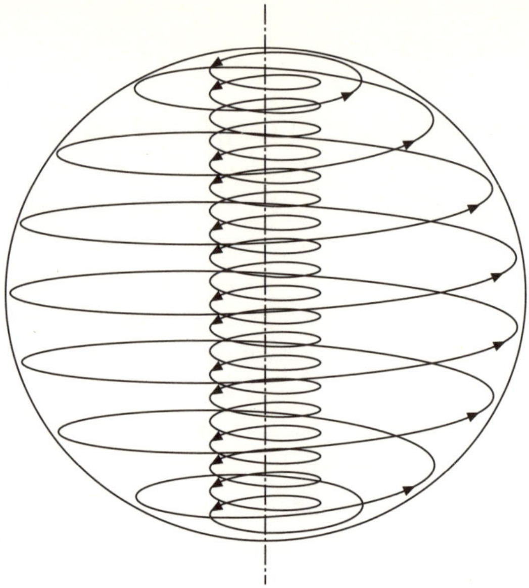

Abb. 43: Schema eines Verbundwirbels

werden. Der Biomagnetismus zwischen unterschiedlich geladenen Ladungsträgern hat einen größeren Einfluß als zwischen ihnen bestehende Temperaturunterschiede.[150]

Der entscheidende Faktor ist also nicht die Temperaturdifferenz zwischen Wasser und Luft, sondern ihr Spannungsunterschied. Die kältere Luft provoziert lediglich eine Art Lähmung des Luftsauerstoffs, welche den beschriebenen Effekt begünstigt. Ermöglicht wird dieser durch die stark negative Ladung der Syntheseprodukte.

Im Doppeldrallrohr entstehen Syntheseprodukte, die, wie Schauberger sagt:

Sogwirbel erzeugen, deren Sogspitze in der mechanischen und physikalischen Achsmitte liegt. Dadurch werden Druckwirbelerscheinungen wirksam, die in vorerwähnten Sogwirbel münden. Zusammenwirkend ergibt sich so ein vertikal verlaufender, in zykloiden

Spiralraumkurven sich an und in sich drehender Stoffwechselkreislauf, der einer Schraubenbewegung innerhalb einer sich verkehrt drehenden Spindel entspricht.[151]

Norbert Harthun meint, die von Viktor Schauberger beschriebene Kombination aus Sog- und Druckwirbel ist der in Abbildung 43 dargestellte Verbundwirbel.
Der Verbundwirbel besteht aus einer äußeren, räumlichen und einer in Gegenrichtung verlaufenden inneren Spirale. Nach Norbert Harthun ist der Verbundwirbel die Bewegungsform, mit der Viktor Schauberger sämtliche in der Natur stattfindenden Prozesse beschreibt.[152]

16. Patente und Erfindungen

Die Technik betrachtet Viktor Schauberger als eine Möglichkeit, den Menschen in seiner Entwicklung entweder zurückzuwerfen oder voranzubringen. Um letzteres zu ermöglichen, entwickelte er mehrere Maschinen. Da er die moderne Explosionstechnik als lebensfeindlich erkannte, konstruierte und baute er Maschinen nach dem Implosionsprinzip.

Viktor Schauberger hat viele Geräte entworfen. Mit seinen Erfindungen wollte er zeigen, daß der Bewegungswiderstand bei Steigerung der Bewegungsgeschwindigkeit steigt oder fällt, je nach Bewegungsart: Bei einspulender Bewegung von Wasser oder Luft verringert sich der Widerstand. Gefäße zur Vermischung oder Verrührung von Medien sind eiförmig, ebenso die Maschinenteile; diese können auch aus eiförmigen Rotationskörpern entwickelt werden.[153]

Man kann auch Explosions- und Implosionsprinzipien zu einem Kompromiß verbinden. Viktor Schauberger meint, indem man die Verbrennungsgase von Explosionsmotoren mit stark negativen Stoffen anreichert, kann man zusätzliche Energie erzeugen. Dadurch wird der Wirkungsgrad der Explosionsmotoren um bis zu 90 Prozent gesteigert.

So eine nachgeschaltete Implosion betrachtet Viktor Schauberger allerdings nur als eine Übergangslösung, um die Verschwendung natürlicher Ressourcen zu vermindern. Eine wirkliche Lösung der Umweltprobleme bietet erst die Einführung der Implosionstechnik.[154]

Das Doppeldrallrohr hat die herkömmliche zylindrische Rohrform und erreicht seine besondere Wirkung durch den Einbau bestimmter Elemente im Rohr. Fast zwei Jahrzehnte später ließ Viktor Schauberger *Wendelrohre** patentieren, welche eine konsequente Weiterentwicklung seiner Bewegungstheorien erkennen lassen. Die Fließbewegung des Wassers wird hier durch die Rohrform beeinflußt. Das Rohr dient dem Transport flüssiger und gasförmiger Medien, es ist in Fließrichtung schraubenförmig verdreht und versetzt das geleitete Medium in eine einspulende Bewegung. Die gewünschte Mehrfachbewegung wird durch ein zusätzliches schraubenförmiges Wendeln des Rohrs um einen gedachten zylindrischen, konischen oder hyperbolischen Körper erreicht. Verstärkt wird dieser Effekt durch eine angetriebene Rohrdrehung um die Wendelachse.
Abbildung 44 zeigt ein Rohr, welches sich um einen gedachten Kreiszylinder wendelt. In Abbildung 45 und 46 erfolgt die Wendelung um gedachte Kreiskegel, welche sich entweder zur Spitze oder zur Basis hin verjüngen.

Abb. 44

Abb. 45

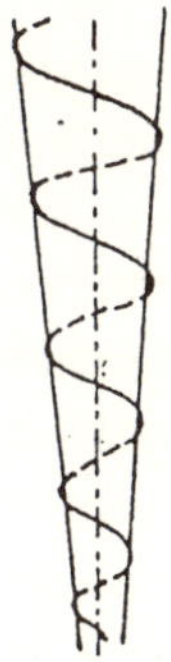
Abb. 46

Abb. 44–46: Wendelrohre

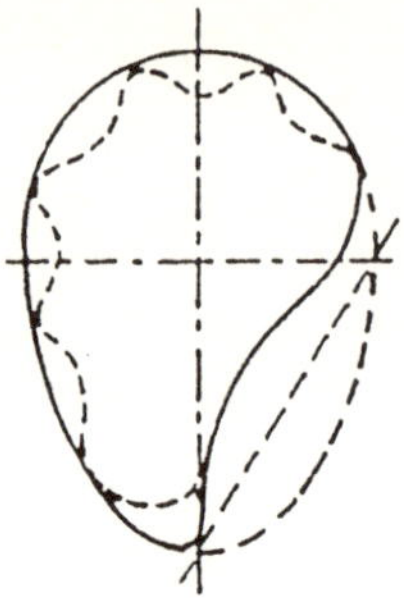

Abb. 47: Querschnitt eines Wendelrohrs

Abbildung 47 zeigt ein Wendelrohr im Querschnitt. Es ist eiförmig mit einer Eindellung neben der Spitze und kann nach einer Richtung hin verjüngt sein.[155]

Nach Viktor Schauberger soll eine derartige Rohrleitung die Reibung vermindern und den Transport bei minimalen Druck- und Geschwindigkeitsverlusten ermöglichen. Außerdem erfährt das transportierte Medium wie im Doppeldrallrohr eine energetische Aufwertung. Molekulare Prozesse können durch entsprechenden Rohraufbau gesteuert werden, Lichteinstrahlung und Zugabe bestimmter Stoffe haben ebenfalls Einfluß. Inkrustierungen, Ablagerungen und molekulare Zerfallsprozesse werden verhindert, dagegen wird ein molekularer und energetischer Aufbau ermöglicht.[156] Viktor Schauberger nannte die Wendelrohre auch *Spiralrohre** und reichte in mehreren Ländern Patentgesuche ein. Das österreichische Patent erhielt er 1958 kurz vor seinem Tod.

Die Stuttgartversuche

1952 führte Franz Pöpel, Leiter des Instituts für Gesundheitstechnik an der Technischen Hochschule Stuttgart, Laborexperimente mit verschiedenen Rohren durch. Viktor Schauberger hatte den Einsatz eines gewendelten Kupferrohrs vorgeschrieben, das wie das Horn der Kuduantilope geformt sein sollte. Der vollständige »Bericht über die Voruntersuchungen mit Wendelrohren mit verschiedenen Wandformen« wurde in der Zeitschrift *Kosmische Evolution* 3, 1977, sowie von Lars Jörgenson veröffentlicht. Die Stuttgartversuche sind neben den Wasserfadenversuchen die einzigen zu Viktor Schaubergers Lebzeiten doku-

mentierten Experimente, die zugänglich sind. In einem ersten Versuch stellte Franz Pöpel folgendes fest:
Wasser, das grobe suspendierte Stoffe enthält, konzentriert diese in der Achse der durch das Umrühren erzeugten rotierenden Wasserwalze. Wird der Inhalt eines Rundbehälters durch tangentiale Zuleitung der Flüssigkeit in Rotation versetzt, kann dies als Ursache der sich einstellenden Konzentration der Suspensa in der Achse der senkrecht rotierenden Flüssigkeitswalze betrachtet werden. Wird nun aber Wasser aus einem großen Behälter einer Rohrleitung zugeführt, entsteht ebenfalls ein mehr oder weniger tiefer Saugtrichter. Franz Pöpel beschreibt diesen als einen Drall des Wassers, das sich am Einlauf zum Ablaufrohr bildet. Die weitere Fortbewegung des Wassers erzeugt nun infolge der wechselseitigen Beeinflussung einen gleichzeitig aus mehreren Raumkurven zusammengesetzten Durchflußvorgang, den er in mehreren Laborversuchen sichtbar macht.
In weiteren Laborversuchen konstatiert Franz Pöpel den Einfluß der Form und des Materials der Rohre auf die Einstellung der einspulenden Fließvorgänge und stellt folgende Theorie auf:

Wenn nun die durch die Spiralform der Wendelrohre geweckten Bewegungsvorgänge darüber hinaus auch noch mit den sich aus der Durchflußgeschwindigkeit ergebenden Impulsen synchron sind, so müßte die Wassermenge – wie bei der stark gekrümmten Raumspirale in dem geraden Prüfrohr – das Wendelrohr eigentlich frei schwingend, das heißt ohne Berührung der Wand und Bildung der den Fließvorgang hindernden Ablösungswirbel, durchfließen.[157]

Die Richtigkeit dieser Hypothese beweist Franz Pöpel in mehreren Laborversuchen. Damit war der wissenschaftliche Beweis erbracht, daß Wasser bei einspulender Bewegung ohne Reibungswiderstand fließt. Der gemessene Widerstand ging im Gegenteil sogar in den negativen Bereich.

Im Anschluß an diese Experimente beschäftigte sich Franz Pöpel mit der Frage der Strukturveränderung des Wassers infolge der mehrfach einspulenden Fließbewegung. In diesem Zusammenhang kommt er zu folgender Theorie:

Die nachgewiesene Tatsache, daß das Material der Rohrleitungen auf die Entstehung der einspulenden Fließbewegung des Wassers einen außerordentlich großen Einfluß ausübt, kann nicht nur allein auf rein hydrodynamischen Wirkungen beruhen, sondern wird vermutlich auch vor allem auf elektrophysikalische Effekte zurückgeführt werden müssen.[158]

Strahlturbine

1926 reichte Viktor Schauberger eine Patentschrift ein, worin er eine aus einem eingewirbelten Rohr konstruierte Maschine zur Energiegewinnung aus Wasser vorstellt. Die 1930 als Patent genehmigte *Strahlturbine** ist in Abbildung 48 schematisch dargestellt.

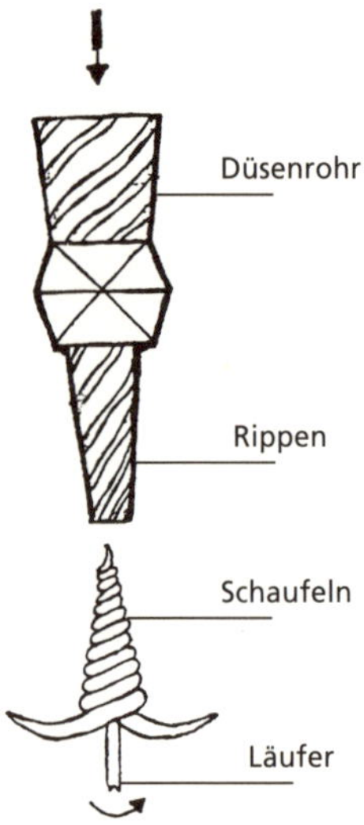

Abb. 48: Strahlturbine

Die Turbine besteht aus einem Läufer, der von schraubenförmigen Schaufeln umgeben ist; dazu gehört außerdem ein Düsenrohr, auf welchem sich schraubenlinienförmig verlaufende Rippen befinden. An der oberen Öffnung des Düsenrohrs wird in Pfeilrichtung Wasser eingelassen. Beim Austritt trifft das Wasser auf den Läufer, so daß die im Wasser enthaltene Energie auf diesen übertragen wird. Entscheidend sind dabei das Verhältnis von Höhe des kegelförmigen Läufers zu seinem Basisdurchmesser sowie die Steigung der

Schaufeln. Bei richtiger Einstellung fließt das Wasser aus dem Düsenrohr gleichmäßig ab. Die Rippen erhöhen die Geschwindigkeit des austretenden Wasserstrahls und somit den Wirkungsgrad der Turbine. Die nach außen gerichteten Enden der Schaufeln verhindern eine Ablenkung des Wasserstrahls.[159]
Es gibt keine schriftlichen Belege über praktische Erfahrungen mit der Strahlturbine. Sie steht am Anfang einer Reihe der Energieerzeugung dienender Patente.

LUFTTURBINE

Durch Veränderungen der Atmosphäre kommt es zu Entspannungserscheinungen in der Luft, die anders gerichtet sind als die Entspannungsvorgänge im Wasser. Viktor Schauberger nutzt die Eigenschaften der Luft, um aus ihr eine Energie zu gewinnen, mit der er verschiedene Maschinen antreiben kann.
Beim Kontakt mit der Luft entweichen die in einem niederorganisierten Wasser enthaltenen wenigen Kohlenstoffe sofort; die Sauerstoffe werden hochaggressiv. Die aus dem Ausgleich erzeugte Energie ist ein geosphärisches Gas, welches man zum Antrieb einer Maschine nutzen kann.[160]
Die 1935 erfundene *Luftturbine** von Viktor Schauberger ist nach Erläuterungen Norbert Harthuns dadurch gekennzeichnet, daß die Luftmassen in einem Doppeldrallrohr bewegt werden.
Bei diesem Rohr handelt es sich um eine andere Entwicklung als bei dem für flüssige Stoffe patentierten Doppeldrallrohr. Das Rohr der Luftturbine besteht aus einem äußeren Holzdaubenrohr und einem Asbesteinschubrohr, in welches wiederum ein Metallrohr eingeschoben ist. In dem Metallrohr befinden sich drehspanartige Metallkörper, deren Achse gegen die Rohrachse im Winkel von 30° bis 45° geneigt steht. Die Luftmassen am

Rand des Metallrohrs machen folglich eine doppelte Schraubenbewegung. Das Metallrohr wird elektrisch beheizt. Die bei der Reibung an den Außenwänden auftretende Wärme führt zu einer Erwärmung der äußeren Luftmassen. Diese dehnen sich aus, sammeln sich an den Rohrwänden und erwärmen sich zusätzlich auf dem weiteren Schraubenweg längs der Rohrwandungen.
Diesem Weg folgt insbesondere der Sauerstoff. Die übrigen in der Luft enthaltenen Gase bewegen sich in der Mitte des Metallrohrs. Der äußere warme und damit aggressive Sauerstoff steht in Spannung zu den übrigen kälteren Gasen. Je länger der zurückgelegte Weg im Rohr ist, desto größer sind die Spannungen, bis es zu Ausgleichserscheinungen kommt. Am Ende des Rohrs befindet sich ein eiförmiges Sicherheitsnetz. Außerhalb des Netzes sammelt sich der erwärmte Sauerstoff. Durch einen Zulauf wird von außen ein brennbares Gas zugeführt. Die mittig geführten Luftmassen treten am Rohrende gemeinsam mit dem brennbaren Gas aus und werden dort mit dem durch das Sicherheitsnetz dringenden Sauerstoff gemischt. Der Sauerstoff garantiert so eine vollständige Verbrennung. Es entstehen ein Unterdruck und gleichzeitig ein Minimum an Abgasen. Durch das Vakuum wird die Luft mit großer Kraft angesaugt.[161]
In der Abbildung 49 ist die Erfindung dargestellt. In einem schneckenartigen Gehäuse ist ein Laufrad eingebaut. Im Hohlraum wird Luft angesaugt, während im Zulauf brennbares Gas in das Doppeldrallrohr geführt wird.
Abbildung 50 zeigt die Fortsetzung des Doppeldrallrohrs aus Abbildung 49. Es mündet in eine eiförmige Kammer, in der das Sicherheitsnetz befestigt ist.
Nach Norbert Harthun ist die vermehrte Ausfuhr von Sauerstoffen die entscheidende Funktion im Gegensatz zu herkömmlichen Luftturbinen. Die Sogwirkung der Luftturbine wird bei der Verwendung von Wendelrohren anstelle des Doppeldrall-

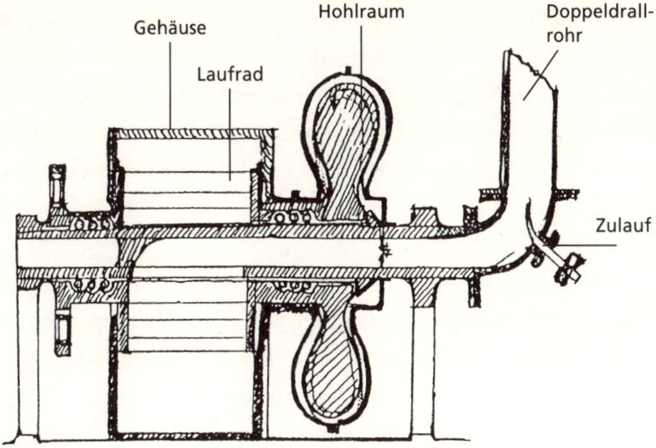

Abb. 49: Luftturbine

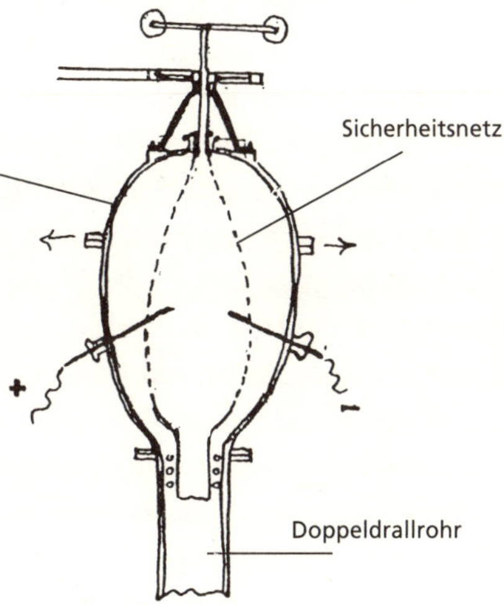

Abb. 50: Detail der Luftturbine

rohrs ebenfalls erreicht. Ein Sog, wie Viktor Schauberger ihn für naturgemäße Strömungen fordert, wurde nicht nur im Labor gemessen, sondern auch durch Naturbeobachtungen bestätigt. Die in den Abbildungen 49 und 50 dargestellte Erfindung bezieht sich auf Luftmassensog. Die technische Entwicklung einer Wasserturbine mit derselben Antriebskraft ist theoretisch ebenso wirkungsvoll.[162]

Genauere Angaben über Bau und praktische Anwendung dieses Patents gibt es nicht. Es liegen auch keine Erfahrungsberichte über Turbinen vor, die nach dem Tod Viktor Schaubergers auf der Grundlage seines Patents gebaut wurden.

Klimator

Nach dem Zweiten Weltkrieg mangelte es in Österreich an Brennstoffen. Viktor Schauberger wollte deshalb eine Maschine bauen, die aus Wasser oder Luft billig Wärme erzeugen sollte. Diese von ihm als *Klimator**, Raumkraftgenerator oder Wärme-Kälte-Maschine bezeichnete Konstruktion konnte – je nach Einstellung – sowohl Wärme als auch Kälte erzeugen.

Sie bestand aus drei Teilen: ein kleiner Heizkörper innerhalb einer Katalysatormasse aus Kiesel- und Aluminiumpulver, mehrere ineinander verschachtelte Einzelelemente, zwischen denen sich Wasser und Luft befanden, und ein fest verankerter Generator, um den ein Startor kreiste.[163]

Eine solche Maschine wurde 1950 fertiggestellt. Es fehlten lediglich einige Chemikalien, die als Katalysator notwendig waren. Weil sie in der Nachkriegszeit nicht beschafft werden konnten, mußte Viktor Schauberger auf die Vorführung des Klimators verzichten.

Olof Alexandersson berichtet, daß Vorläufer des Klimators bereits in den dreißiger Jahren entwickelt wurden. Nach 1950 interessierte sich Viktor Schauberger jedoch nicht mehr dafür. Seine Aufmerksamkeit galt nun der Weiterentwicklung der Sogturbine.[164]

Sogturbine

1947 begann Viktor Schauberger mit der Konstruktion eines Maschinenmodells, der *Sogturbine**. Olof Alexandersson berichtet, daß die auch als Heimkraftwerk bezeichnete Maschine als entscheidendes Bauteil ein System gebündelter und in sich gewendelter Rohre hat. Diese sind nach dem Modell des Kuduantilopenhorns konstruiert, welches Franz Pöpel 1951 als Rohrform für die Stuttgartversuche diente.[165]
Die Sogturbine besteht nach Aussagen Leopold Brandstätters aus einem luftdichten Gehäuse, in dem sich ein kegelförmiger Rotor befindet. Die Spiralrohre winden sich um den Rotor und verjüngen sich konisch von oben nach unten. Ein Motor von etwa 1/2 PS soll die Maschine starten. Dazu müssen die Ventile geöffnet werden. Beim Schließen der Ventile fließt das Wasser in die Spiralrohre. Dort entsteht ein starker Sog und gleichzeitig ein Überdruck in einem unterhalb der Rohre eingebauten Wasserreservoir, so daß das Wasser zirkuliert.[166]
Viktor Schauberger versuchte mit verschiedenen Konstruktionen, die Sogturbine zu realisieren. Die von ihm beauftragten Firmen mußten ohne seine Berechnungen und Werkzeichnungen arbeiten, da er niemandem vertraute.
Olof Alexandersson hat umfangreiche Recherchen zu sämtlichen von Viktor Schauberger konstruierten oder entwickelten Maschinen bzw. Maschinenteilen angestellt. Bis an sein Lebensende hat Viktor Schauberger an der Realisierung der Sogturbine gearbeitet. Er hinterließ Konstruktionsskizzen sowie einige Maschinenteile. Eine funktionstüchtige Maschine gibt es nicht.[167]

Die Vermutung liegt nahe, daß wichtige Zeichnungen und Maschinenteile nach der Beschlagnahme in Amerika geblieben sind. Aber es gibt keine Hinweise dafür, inwieweit die Maschine von amerikanischen Ingenieuren kopiert und weiterentwickelt wurde.

Perpetuum mobile

Viktor Schauberger bezeichnet die Folgen der zentripetalen Bewegung als »Wellenansatz«. Diesen will er in seinen Maschinen erzeugen:

Die Welle ist der Willensaufschwung, dessen Längsriß gleich dem Aufriß ist. Die Konstruktionsunterlagen finden wir in jedem gutgebauten Hühnerei, dessen Schalenform sämtliche Konstruktionslinien enthalten.[168]

Das Ei ist so geformt, daß sich jedes in ihm enthaltene Medium zwangsläufig implosiv bewegt. Deshalb benutzt Viktor Schauberger vorzugsweise Eiformen für seine Erfindungen.
Bei der Implosionstechnik werden die im Zentrum befindlichen Stoffe trombenartig hochgeführt und zum Beispiel durch eine kreisende Sogschraube wieder angezogen. Das geschieht so lange, bis sie nur noch Energie sind. Derart entsteht ein Unterdruck. In diesem Zustand sind die Stoffe weder fest, noch flüssig, noch gasförmig. Auf diese Art werden die Sauerstoffe von gegengespannten Kohlenstoffen gebunden. Das Produkt dieser Synthese sind ein fester, flüssiger oder gasförmiger Stoff und Energie.
Die Implosionskraft ermöglicht den Zugang zu unbegrenzter und kostenloser Energie. Die Explosionskraft ist begrenzt und führt in die ökologische und ökonomische Katastrophe.[169]
An anderer Stelle erklärt Viktor Schauberger das Prinzip seiner Maschinen zusammengefaßt so: Schwingt man ein gasreiches

und energiearmes Wasser in zykloiden Schwingungsformen aus, dann kehrt sich das Ganze bei Wiederholung zugunsten einer Gasarmut und eines Energiereichtums um. Es entsteht ein Aggregatzustand, bei dem ein kleiner Wärmedruck genügt, um einen gasförmigen Zustand herbeizuführen. Diese Neuluft ist spannungsreich. Es entsteht ein zunehmender Luftdruckaufbau. Wird dieser Kraft ein kolbenartiger Widerstand entgegengesetzt, kommt es zur elementaren Bewegung des Kolbens und damit zum natürlichen und nahezu lautlosen Bewegungsanstoß.[170]

Der Treibstoff eines solchen Motors ist Wasser, das in Luft verwandelt wird. Es ist ebenfalls möglich, gewöhnliche Luft in Wasser zu verwandeln. Die Antriebsvorrichtung für alle implosiv angetriebenen Maschinen kann auf beliebige Art je nach Beigabe von katalytisch wirkenden Zusätzen erfolgen. Die Bindung der Katalysatoren wird mit der Bewegungsart erreicht. Besonders geeignet sind Kupfer, Silber, Gold, Kunstharze, Natursteine, Hölzer und deren Kombinationen.
Viktor Schauberger behauptet, mit der Implosionstechnik ein Perpetuum mobile beschrieben zu haben.

Anhang

Abb. 51: Viktor Schauberger, 1948

Biografische Materialien

Zeittafel

1885 Viktor Schauberger wird am 30. Juni als fünftes von neun Kindern des Forstmeisters Leopold Schauberger in Holzschlag bei Aigen am Plöckenstein geboren. Er besucht die staatliche Forstschule und macht dort das Försterexamen.

1914 Hochzeit.

1915–1918 Teilnahme am Ersten Weltkrieg.

1919 Übernahme des Jagdreviers des Fürsten Adolf v. Schaumburg-Lippe.

1922 Erste Holzschwemmanlage.

1924 Reichskonsulent für Holzschwemmanlagen.

1926 Entlassung aus dem Staatsdienst, Holzschwemmanlage in Frein-Neuberg.

1928 Bau weiterer Holzschwemmanlagen.

1929 Gespräche mit Prof. P. Forchheimer; *Über die Gesetzmäßigkeit der Wasserbewegung;* 2 Patente: *Einbau zur Wildbachverbauung und Flußregulierung; Vorrichtung zum Herausziehen und Überführen von Holzsortimenten aus Fangstauen in die Schwemmstraße.*

1929 3 Patente: *Verfahren und Vorrichtung zum Auslanden und Weiterbefördern von Langhölzern aus Schwemmanlagen; Verfahren und Vorrichtung, um beim Schwemmen verschiedene Holzsortimente voneinander zu trennen; Auslände- und Sortieranlage für verschiedene auf Schwemmstraßen gebrachte Hölzer.*

1930 »Tragendes Wasser« (Film über die Holzschwemmanlage Frein-Neuberg); Angebote aus Europa nach dem Erfolg der

Holzschwemmanlagen (u. a. von Minister Dollfuß, Industriellen, englischen Finanzkreisen, Rußland, Frankreich, Jugoslawien, Bulgarien); erste Wasserveredelungsapparate; Vortrag in der Hochschule für Bodenkultur in Wien über die Bewegung des Wassers (unterstützt von Prof. P. Forchheimer); 3 Patente: *Strahlturbine; Auswurfvorrichtungen für Langholz u. dergl. aus Transportiervorrichtungen, Stiesen, Transportbändern u. dergl.; Künstliche Gerinne zum Schwemmen von Holz u. dergl.*

1931 Wasserfadenversuch zu Erzeugung von Elektrizität aus Wasser: Rekonstruktion des Versuchs »Wasserinfluenz Elektrizität« in Wien (400–500 Volt); erste Versuche zum Klimator; *Der sterbende Wald, Vorsicht bei Verwendung von Holz im Baugewerbe; Der Charakter im Baugewerbe;* Patent: *Einrichtung zum Transportieren von Langhölzern.*

1932 Erzeugung von Edelwasser (zahlreiche Heilerfolge); Kanzler Dollfuß besucht Schauberger in Wien (vor dessen Augen er Edelwasser herstellt; das Ergebnis war eine übelriechende Brühe, der Kanzler war entsetzt; spätere Untersuchungen behaupten, die Flüssigkeit sei brennbar und aus Wasser hergestelltes Benzin gewesen); *Das Problem der Donauregulierung*; *Unser Wasser, Grundsätzliches bei der Umwandlung von calorischen in mechanische Bewegungsenergien.*

1933 *Der gestörte Kreislauf in der Natur; Unsere sinnlose Arbeit – die Quelle der Weltkrise; Unsere sinnlose Arbeit – die Ursache des biologischen Bankrotts;* 2 Patente: *Anlagen und Bauten zur Regulierung des Abflusses von Staudämmen und zur Verstärkung der Haltbarkeit von Dammbauten; Wasserführung in Rohren und Gerinnen.*

1934 Gespräch mit Adolf Hitler in Berlin (Hitler ist an der Energiegewinnung aus Wasser und Luft interessiert und will Viktor Schauberger Räume und finanzielle Mittel für seine Forschungen zur Verfügung stellen. Schauberger willigt zunächst ein, sagt dann aber ab).

1935 Vortrag über Energieerzeugung für Wissenschaftler und Beamte der Siemenswerke im Gauhaus in Nürnberg; infolgedessen Befehl des Gauleiters zum Bau einer Implosionsmaschine bei Siemens; 3 Patente: *Luftturbine; Verfahren zur Herstellung von quellwasserähnlichem Trinkwasser; Verfahren zum Heben von Flüssigkeiten oder Gasen.*

1936 *Wald – Wasser – Tautropfen; Der sterbende Wald.*

1937 Die bei Siemens gebaute »Wärme-Kälte-Maschine« schmilzt.

1938 Wasserfadenversuche: Walter Schauberger wiederholt im Auftrag seines Vaters die Versuche von 1931 bei Siemens in Nürnberg (Ergebnis: 15000–20000 Volt); erste Skizze einer Maschine mit Doppelmembran.

1939 *Die geniale Bewegungskraft; Die Erzförderung in Doppeldrallrohren; Die biologische Bewegung der Geschiebestoffe in Wasser und Luft; Lebenslauf.*

1940 Erste Konstruktion des »Repulsators« in der Firma Kämpfer & Co., Wien (später in der Firma Kertl, Wien); *Die ethische Technik; Vogelflug; Forelle; Das Prinzip der repulsiven Bewegung; Biologischer Fruchtbau;* Patentgesuch: *Verfahren und Vorrichtung zur atomaren Umwandlung tropfbarer, flüssiger und gasförmiger Stoffe* (von den Nationalsozialisten abgelehnt).

1941 Einweisung in die Irrenanstalt Mauer-Öhling, Österreich; Entlassung mit Gesundheitsattest dank einflußreicher Freunde (seitdem ständige Überwachung durch die SS); Vorführung von starken Lichteffekten aus fallenden Wassertropfen vor einer Offiziersdelegation der Rüstungsinspektion, SS-Offizieren und Gestapo-Beamten in Wien; Reise zu den Rüstungswerken in Neudek bei Karlsbad; Gespräche in den Heinkelwerken in Rostock (Schauberger lehnte das Angebot ab, Flugzeugmotoren zu bauen); Versuche zur Flugzeugmotorkühlung bei Messerschmidt in Augsburg (die Apparatur brach zusammen); *Schwangeres Wasser; Der Flußgenerator; Der Propeller-Kompressor; Die Kohleverflüssigung auf kaltem Strömungsweg; Das Kuckucksei.*

1942 *Steine geben Brot.*

1943 Beginn der Motorkonstruktion für Flugzeuge und Unterseeboote im KZ Mauthausen mit ausgewählten Häftlingen; *Die Schwingung als Einleitung der ur-wüchsigen Bewegung; Der Energie-Fallschirm; Die Steine des Weisen; Expansion kontra Explosion; Die Kraft-Hochquelle; Allgemeine Erklärung zur raschen und günstigen Lösung des gegenwärtigen Kriegsproblems; Frequentes Wasser; Bodenfrequenz; Das Sonnenpflügen; Künstliche Hochquelle; Bodenfrequenz und Lebensstandard; Explosion (Feuer) – Implosion (Wasser); Das sternenferne Rätsel Wasser; Die Gottesmühle;* Patent: *Repulsator.*

1944 Musterung und Einziehung zur Waffen-SS; Kompaniekommandant einer Fallschirmspringertruppe; Fortführung der im KZ Mauthausen begonnenen Arbeit an dem Repulsator in der SS-Ingenieurschule Wien-Rosenhügel; zunehmendes Interesse der SS an der Geheimwaffe; *Die Repulsine; Einrichtung zur Abspaltung einer energetischen Kernzone in strömenden Flüssigkeiten und gasförmigen Stoffen; Die Technik als Keimzelle des Bolschewismus; Wie ist diese Krise rasch und einfach zu unseren Gunsten zu beenden.*

1945 Verhör durch amerikanische Besatzungstruppen; Beschlagnahme der gesamten Geräte und Materialien zum Repulsator; Überwachung in Leonstein; *Propeller und Repulsine; Bio-Technik; Physische und metaphysische Lebensformen; Beobachtungs- und Versuchsergebnisse; Der Blut- und Säftekreislauf als Vorbild der Wasserveredelung; Die Verflüssigung von Kohle auf kaltem Strömungsweg; Die spezifische Heilung; Die Wasserveredelung; Die positive Religion; Leben – Bewegen – und Wachstum; Forellenmotor I und II; Der Weg, der über das Diesseits ins Jenseits und wieder zurück ins Diesseits führt; Die Bewegung der Erde als Ursache der Strahlung, der Ursache der Auferstehung des Lebens; Die Energiewirtschaft; Die Keimstofferzeugung; Der verbindende Punkt im Schlußwort; Die Flußregulierung; Die Reaktionsstoffwirtschaft im Dienste der naturrichtigen Raum-Heizung; Der gewundene Erkenntnisweg; Die Reaktivierungswirtschaft; Die Entdek-*

kung des bio-magnetischen Aufbau- und Auftriebstromes; Die Reaktivkräfteerzeugung; Die Wasseraufbaukeime im Wirbeltrichter; Private Forschungsergebnisse über Technik, als Ursache des gesamtwirtschaftlichen Niedergangs; Bericht von der Zeit 1944 bis 1945; Meine Einlieferung ins Irrenhaus und der darauffolgende Aufenthalt im Konzentrationslager Mauthausen; Naturnahe Forstwirtschaft; Die Raumkraftturbine; Kurz gefaßte Darstellung meiner Entdeckung; Das Hintergebirgsprojekt; Die Erzeugung von Leichtmetallkohle aus Holzabfällen; Die praktische Nutzanwendung der aus kalten Oxydationsvorgängen entspringenden zykloiden Raumkurvenbewegung; Die maschinelle Erzeugung des tragenden – schleppenden – orientierenden und – entwicklungsfördernden Wassers, durch die Forellenturbine; Atomenergie für Wohnheizzwecke; Atomenergien 1. Ordnung im Dienste einer naturrichtigen Forst-, Land-, Wasser- und Energiewirtschaft; Das Geheimnis der bio-technischen Bewegung; Bio-Technik, aktive und reaktive Temperaturen; Das Verbrechen wider die geistige Keimkraft; Wissenschaft und Natur; Der Lebensstrom in Luft und Wasser; Zur biologisch dynamischen Wirtschaftsweise; Die Aufschließung des Hintergebirges; Die zykloide Raumkurvenbewegung; Die feuerlose Raumheizung; Die Ursache der gegenwärtigen Nahrungsmittel-, Roh-, Trieb- und Treibstoffnot; Warum müssen wir hungern?; Die Flußregulierung; Die Geheimnisse des Wassers; Geister, die mich auf den rechten Weg führten; Neuartiger Synthesestrom durch Raumkraftgenerator; Naturnahe Landwirtschaft; Das Regenwürmersanatorium; Gibt es ein Perpetuum mobile?; Meine Begegnung mit Adolf Hitler; Verfahren und Einrichtungen zur Durchführung organischer Synthesen mit Hilfe tropfbarer und gasförmiger Körper.

1946 Interesse der USA an der Implosionsmaschine; *Unser Stammhaus; Der Tod unseres Ahnherrn; Wildern und Schmuggeln; Feuerlose Wärme, kaltes Licht, kostenlose Maschinenkraft, Edelstoffdüngung; Biotechnik, Atomenergien 1. Ordnung aus vermeintlichen Verunreinigungen der Luft und des Wassers; Steigerung des Bodenertrages.*

1947 Erneuter Bau von Wasserveredelungsapparaten in Salzburg; *Forstwirtschaft; Das Sterben des Waldes; Der forstliche Volksbetrug; Die feuerlose Energiequelle; Das Sterben der Wälder, Wässer und Felder als Folge wissenschaftlicher Fehler; Lieber Frageonkel; Ein Außenseiter zum Kapitel Bürokratismus; Tragendes Wasser; Die Reaktivstoffwirtschaft im Dienst einer naturrichtigen Forstwirtschaft; Allgemeine Erläuterungen zum Kapitel Holzbringung; Das Prinzip der Kleinwasserstraßen; Kleinwasserstraßen, das Ende des Antisemitismus; Die Technik als eine der Hauptursachen des gesamtwirtschaftlichen Niederganges.*

1948 Vertrag zur Produktion und Verkauf von Kupfergeräten mit der Firma Rosenberger in Salzburg (Vertragsannullierung); Kuduantilopenhorn als Modell des Doppelspiralrohrs; Repulsator enthält Doppelspiralrohr; *Spezifisch schweres Wasser; Die Zerfallsgrundlagen des 20. Jahrhunderts; Magnetismus – Elektrizitismus; Aufbauender Rhythmus; Die Entdeckung des Krebserregers; Die Bio-Turbine.*

1949 Versuche mit Kupferpflügen in der Landwirtschaft; *Die Blutfäule; Die Behebung des wissenschaftlichen Beschleunigungsfehlers; Der eiserne und der negativ gespannte Kupferpflug; Die kosmische Doppelschraubenwellenbewegung; Versuche mit dem Bio-Pflug im Anbaujahr 1949; Die Erlösung vom selbstverschuldeten Elend; Die Entdeckung der Levitationskraft; Das Leichengift in Strahlenform.*

1950 Entwurf und Teilkonstruktion des Klimators; *Der goldene Pflug; Organisches und anorganisches Kupfer; Warum die dümmsten Bauern die dicksten Kartoffeln haben; Die Ursache des Kartoffelkäferbefalles;* Patent: *Bodenbearbeitungsgerät.*

1951 Gründung »Die grüne Front« mit Sohn Walter; *In die Natur schauen und nachmachen; Macht die Erde wieder gesund; Macht die Erde wieder fruchtbar; Oxydation und Reduktion, die Leben und Tod entscheidende Reaktion; Biologie; Höher-*

wertige Antriebskräfte für das Wachstum und Maschinen; Patent (mit Sohn Walter): *Rohrleitung für flüssige und gasförmige Medien.*

1952 Kontrollversuch mit dem Kupferpflug durch die Landwirtschaftlich-chemische Versuchsanstalt in Linz; Versuche an der TH Stuttgart mit Prof. Franz Pöpel, der die Theorie bestätigt: »Bericht über die Voruntersuchungen mit Wendelrohren mit verschiedenen Wandformen«.

1953 *Die Edeldüngung mit Hilfe der planetaren Bewegung.*

1954 Entwicklung der Sogturbine, Grundlage für das Heimkraftwerk (dieses platzt nach einem Startversuch)*; Wir bewegen falsch; Krebs, die Seuche des technischen Zeitalters; Entschleierte Naturgeheimnisse.*

1955 *Die Entthronung der Wissenschaft; Der Lebensmotor Wasser; Die Implosionsmaschine; Herstellungskosten und Verkaufsvorteile von Implosionsmaschinen; Maschinelle Erzeugung der Lebenskraft.*

1957 Bau einer Implosionsmaschine in der Firma Swarovski, Innsbruck (diese hat keine Regulierungsmechanismen und wird deshalb nicht in Betrieb genommen); *Ein kleiner Unterschied – Zersetzung oder Lebenskraft?*; *Das Jahrtausende alte Atomgeheimnis.*

1958 Patent: *Doppelspiralrohr*; Reise mit Sohn Walter in die USA. Von beiden wurde entgegen vorheriger Absprache ein achtjähriger Aufenthalt gefordert, dem sich beide verweigerten. Nach Unterzeichnung eines Schriftstücks mit der Verpflichtung, sämtliche Unterlagen und Rechte bezüglich der Implosionstechnik an ein Konsortium abzutreten und über deren Inhalt künftig zu schweigen, kehrten beide nach dreimonatigem USA-Aufenthalt nach Österreich zurück.
Viktor Schauberger stirbt kurz nach seiner Heimkehr am 25. September in Linz.

Anläßlich seines Besuchs in den Heinkelwerken 1941:

Mit der Episode Heinkel war mein Bedarf an unangenehmen Erfahrungen mit den besten Technikern der Welt (Reichsdeutschen) gedeckt. Diese Menschen sind ausgesprochen mechanistische Denker und es ist sehr selten, daß man unter ihnen einen intuitiven Empfänger findet.[171]

Zu Wissenschaftlern und Politikern hatte er wenig Zutrauen. Man dürfe ihnen nicht die ganze Wahrheit anvertrauen, die Zeit für viele seiner Erkenntnisse sei noch nicht reif.

Das ganze Geheimnis mit einem Schlag zu klären, wäre zu gefährlich, weil in diesem Fall chaotische Zustände entstünden, die ein noch größeres Unglück zeitigen würden, als durch die Verkennung der natürlichen Wahrheit durch wissenschaftliche Sekten, Geheimbünde und konfessionelle Anschauungen verschiedenster Art entstand.[172]

In seiner Selbsteinschätzung halten sich bittere Verzweiflung über die historische Entwicklung und Sendungsbewußtsein die Waage.
Aus einem Brief, sechs Monate vor seinem Tod:

Nun erkannte ich den von der ganzen Wissenschaft gemachten Bewegungsfehler und deckte ihn auf. Damit stieß ich aber in ein wahres Wespennest und bekam die Allmacht meiner wissenschaftlichen Gegner zu spüren. …
Nun begann ich zu tarnen, und so gelang es mir, brauchbare Geräte zu bekommen. Dann erkannte ich erst selbst, was ich gefunden hatte, nämlich die höherwertigen Atomenergien. …
Mir tun nur die armen Kinder leid, die einer grauenhaften Zukunft zugehen.
Decke ich alles auf, wird es totgeschwiegen, weil es nicht nur um die ganze Wissenschaft, sondern auch um die kirchlichen Lehren

geht. Die ganze Gewaltpolitik bricht zusammen, wenn die Wahrheit herauskommt, daß die Wissenschaft der eigentliche Krebserreger ist.[173]

Die Hauptursache für den Niedergang unserer Zivilisation sieht er neben der Wissenschaft in der Kirche. So sehr er an die Schöpfung und die Allgegenwart Gottes glaubt, so entschieden kritisiert er die Institution Kirche, die von ihr ausgeübte Macht und die von ihr vertretene Schöpfungslehre.

Schaubergers Überzeugung nach zerfällt der Körper nach dem Tod nicht »zu Staub und Asche«, vielmehr werden mit dem Tod die im Körper organisierten Energien frei. Durch mikrobiellen Abbau der sterblichen Überreste zu Kohlenstoffen kann aus diesen neues Leben entstehen. Je nachdem wie hoch die geistige Entwicklung, das heißt die Eigenschwingung des Verstorbenen war, desto höher ist die Schwingung des neu entstehenden Organismus. Die Wiederauferstehung findet nach Schauberger nicht im Himmel statt, wie es von der Kirche behauptet wird, sondern auf der Erde. Da in seiner Familie altgermanische Anschauungen seit Generationen weitergegeben wurden, wonach »die guten und schlechten Geister« überall in den Medien Erde, Wasser und Luft vorhanden sind,[174] waren Konflikte mit der Geistlichkeit nichts Ungewöhnliches. Die »naturrichtige Arbeit« begreift Viktor Schauberger als tatkräftige Unterstützung des Schöpfungswerks, sie ist für ihn der »wahre Naturdienst«.[175]

Unabhängig von politischen Entwicklungen hat er seine Ideen kritisch und unverblümt geäußert. Daß er sich damit zahlreiche Gegner machte, hielt ihn nicht zurück. Für seine Überzeugungen warb er mit großer Energie in Gesprächen, Vorträgen, Artikeln in Fachzeitschriften oder in Veranstaltungen mit praktischen Vorführungen. Er forschte im Labor, unterstützte unabhängige anerkannte Wissenschaftler, die seine Hypothesen experimentell überprüfen wollten, heilte Krankheiten, konstruierte Maschinen

Abb. 52: Das letzte Foto von Viktor Schauberger

und reichte Patente ein. Trotz herber Rückschläge kämpfte er ein Leben lang für seine Überzeugungen. Von vielen als Querulant und Utopist abgetan, besaß er zugleich auch die Fähigkeit, Freunde, Wissenschaftler wie auch Politiker in den Bann seines Denkens zu ziehen.

Verhältnis zum Nationalsozialismus

Über Viktor Schaubergers Verhältnis zum Nationalsozialismus ist von verschiedenen Seiten viel und in unterschiedliche Richtungen spekuliert worden. Was und wie Schauberger darüber berichtet, läßt der Fantasie in der Tat einigen Spielraum. Im nachfolgenden chronologischen Abriß der Ereignisse wird zusammengefaßt, wie Viktor Schauberger selbst sein Verhältnis zum Nationalsozialismus dargestellt hat.

Am 22. Juli 1934 wurde Schauberger in die Berliner Reichskanzlei zu einer Unterredung mit Hitler geladen. Diese Einladung ging auf eine Anregung des Bremer Industriellen Roselius zurück, der an einer deutschen Lizenz von Schaubergers Patenten interessiert war. Als Hitler aufmerksam und konzentriert zugehört habe, legte Schauberger ausführlich dar, welche Bedeutung die »Bewegungsart« für Wissenschaft, Technik und Wirtschaft habe. Um das zu untersuchen, solle eine »große Versuchsanstalt« eingerichtet werden. Es werde sich schnell herausstellen, von welch großem praktischen Nutzen es sei, den »Irrtum der bisherigen Wissenschaft« aufzuzeigen. Hitler habe Weisung gegeben, das Notwendige zu veranlassen. Nachdem er einige Diskussionen mit Wissenschaftlern und Beamten der Reichskanzlei geführt hatte, fuhr Viktor Schauberger, ohne auf das Angebot einzugehen, nach Wien zurück.[176]
Auf Einladung des fränkischen Gauleiters Julius Streicher hielt Schauberger 1935 vor Wissenschaftlern und Führungskräften der Siemens-Werke in Nürnberg einen Vortrag und wußte offensichtlich zu überzeugen. Streicher und ein Siemens-Manager kamen überein, eine Apparatur nach den vorgestellten Prinzipien bauen zu lassen, damit man Schaubergers Thesen prüfen könne. Der Versuch endete damit, daß das Gerät bei etwa +4000°Celsius schmolz, die äußere kupferne Glocke blieb unversehrt.

1937 kam es in Wien zu weiteren Versuchen, diesmal handelte es sich um ein Gerät zur Raumheizung. Auch hier kam es zu einem Fehlschlag. Das Gerät entwickelte »gefährliche Abstrahlungen, welche alles durchschlugen und durch Mauern hindurch goldene Ringe am Finger zerstörten«. Ohne die Effekte genauer zu definieren, sprach Viktor Schauberger von »Zerstörungsenergien atomarer Art«. Zu einer weiteren Zusammenarbeit mit Siemens kam es nicht.[177]

1940 begann Schauberger zusammen mit dem Berliner Ingenieur Kämpfer, die Repulsine zu bauen. Die Materialzuweisungen (unter den Bedingungen der Kriegswirtschaft konnte ein Edelmetall wie Kupfer nicht mehr einfach gekauft werden) soll ihm Ernst Udet verschafft haben, einer der bekanntesten Jagdflieger des Ersten Weltkrieges, der, seit 1938 Generalluftzeugmeister, an der Entwicklung der Me 109 und des Sturzkampfbombers Ju 87 beteiligt war und sich für Schaubergers Ideen interessiert zu haben schien.

1941 wurde Viktor Schauberger, der sich regelmäßig, wie er berichtet,[178] bei einer Wiener Polizeistelle melden mußte, dienstverpflichtet und aufgefordert, seine Versuche im Rüstungswerk Wildfang bei Karlsbad wieder fortzusetzen.

Ohne dort die Arbeit aufgenommen zu haben, fuhr Schauberger nach drei Monaten in die Heinkel-Werke nach Rostock. Der Flugzeugkonstrukteur und Industrielle Ernst Heinkel, seit 1938 Wehrwirtschaftsführer, hatte 1939 die He 178, das erste flugfähige Düsenflugzeug der Welt, gebaut. Schauberger berichtet, auch Heinkel habe sich für die Repulsine als Flugzeugantriebsaggregat interessiert; die Zusammenarbeit mit Heinkel sei dann aber an dem notariell beglaubigten Vertragsabschluß gescheitert, auf dem er, Schauberger, bestanden habe.[179]

Ebenfalls im Jahr **1941** sei er aufgefordert worden, in der Wiener Rüstungsinspektion eine technische Demonstration durchzuführen; unter strengen Sicherheitsvorkehrungen, berichtet er, habe er vor Beamten der Rüstungsinspektion sowie SS- und Gestapo-Offizieren experimentell vorgeführt, daß fallende Wassertropfen starke Lichteffekte erzeugen können.

Danach sei an ihn die Aufforderung ergangen, in den Messerschmidt-Werken Augsburg neue Techniken zur Kühlung von Flugzeugmotoren zu entwickeln. Bei Versuchen mit dem noch in Entwicklung befindlichen Repulsator sei die Apparatur zusammengebrochen. Danach habe er die weitere Zusammenarbeit verweigert.[180]

Des weiteren sei er, berichtet Schauberger, am **20. April 1943** nach Linz auf das Amt der Technik einbestellt worden. Von dort habe man ihn in das Konzentrationslager Mauthausen gebracht, wo ihm von Lagerkommandant Ziereis eröffnet worden sei, daß er den Auftrag hätte, einen Motor für Flugzeuge und Unterseeboote zu entwickeln. Man habe ihm zwei Zimmer mit Bad zugewiesen und ihm angeboten, sich aus den Häftlingen im Lager die besten Ingenieure und Facharbeiter auszusuchen. Dabei sei ihm wie auch den sechs von ihm ausgewählten Häftlingen klar gewesen, daß das ein Geheimprojekt eines jener Sonderkommandos sei, dessen Häftlinge umgebracht werden, wenn sie den Auftrag ausgeführt haben.

Als man der Gruppe ein stinkendes Kellerverlies als Werkstatt zuweisen wollte, habe er, Schauberger, durchgesetzt, daß das Projekt außerhalb des Lagergeländes durchgeführt werden durfte. Der Kommandeur der SS-Ingenieurschule Wien-Rosenhügel habe sich kooperativ gezeigt.[181]

Zwei Wochen später, am **4. Mai 1944**, wurde Viktor Schauberger zum Militärdienst einberufen. Um die Arbeit am Repulsator fortsetzen zu können und der Einberufung zu entgehen, habe er eingewilligt, der Waffen-SS beizutreten. Der Kommandeur der Ingenieurschule würde ihn dann als Dienstverpflichteten anfordern können. Dennoch wurde Schauberger Anfang Juni die Einberufung zur SS-Panzerdivision Breslau mit dem Befehl zugestellt, als Kommandant einer Fallschirmspringerkompanie an die italienische Front zu fahren. Auf halber Strecke wurde er aufgrund

seines Fußleidens für kriegsdienstuntauglich befunden und zurückgeschickt.
Als SS-Angehöriger sei er zwar dienstverpflichtet gewesen, habe dafür das Privileg bekommen, mit den Häftlingen die Arbeit am Repulsator außerhalb des KZ-Geländes fortführen zu können.[182]
Schauberger berichtet, in diesem Zeitraum wiederholt mit Heinrich Himmler korrespondiert zu haben. Der Reichsführer-SS, ein gelernter Landwirt, sei mit Fragen zur Biologie und Biogenetik an ihn herangetreten. Die habe er beantwortet, eine weitere Zusammenarbeit aber abgelehnt.
Als wegen der alliierten Fliegerangriffe die Arbeit in Wien eingestellt werden mußte, wurde Schaubergers Abteilung nach Leonstein verlegt. Die Arbeit an der erhofften »Wunderwaffe«, dem neuen Motor, wurde bis in die letzten Wochen des Krieges fortgesetzt.[183]
Als ein mit der Entwicklung einer geheimnisumwitterten neuen Technik betrauter Wissenschaftler wurde Viktor Schauberger von Beamten des US-amerikanischen Geheimdienstes verhört; sämtliche Unterlagen wurden beschlagnahmt; er habe, berichtet Schauberger, dann unter amerikanischer Aufsicht seine Arbeit noch einige Zeit fortgesetzt.[184]
Schaubergers Darstellung der Rolle, die er und seine Forschungen im Nationalsozialismus gespielt haben, liefert ein vieldeutiges Bild, das mehr Fragen aufwirft, als es Antworten gibt. Insofern ist es auch nicht verwunderlich, daß in der Literatur über Viktor Schauberger die Zusammenarbeit mit dem Nationalsozialismus immer wieder zur Sprache kommt in immer wieder abgewandelten Varianten, die kaum jemand so recht überprüft hat. Solange es keine auf soliden Recherchen beruhende Biografie über Viktor Schauberger gibt, ist ein Urteil oder eine Gesamtbewertung seiner Rolle im Nationalsozialismus nicht möglich.

Zum Forschungsstand

Von Viktor Schauberger existieren über 200 Schriften, die zum Teil in den Zeitschriften *Weltgewissen*, *Die Wasserwirtschaft*, *Implosion* und *Mensch und Technik naturgemäß* veröffentlicht wurden; aber viele sind bis heute unveröffentlicht, ebenso zahlreiche Skizzen von Maschinenteilen.
Das Schauberger-Archiv enthält viele Originaltexte, veröffentlichte und unveröffentlichte Schriften und Zeichnungen, außerdem Briefe, Fotos und Zeitungsartikel; es handelt sich um das Privatarchiv der Familie Schauberger.

Das Buch *Lebendes Wasser* von Olof Alexandersson hat biografischen Charakter und beinhaltet einige Primärtexte. Die schwedische Originalausgabe erschien 1976, die englische Übersetzung 1990 und die deutsche 1993. Das Buch ist spannend geschrieben und leicht zu lesen. Es ist als Einführung gut geeignet und war lange Zeit das einzige umfassende Werk, das im Buchhandel erhältlich war. Sein Vorzug ist die enge Bindung an die Primärtexte, die jahrzehntelange Erfahrung des Autors sowie dessen umfangreiche Recherchen zu Holzschwemmanlagen und Maschinenteilen.
Lars Jörgenson widmet in seinem Buch *Ein Überblick über die Grauzone in der Wissenschaft* (1990) Viktor Schauberger einen ganzen Abschnitt. Den Schwerpunkt setzt er auf technische Umsetzbarkeit und gibt in diesem Zusammenhang den ungekürzten Bericht von Franz Pöpel »Über die Voruntersuchungen mit Wendelrohren mit verschiedenen Wandformen« wieder.

Die Zeitschrift *Implosion*, 1962 bis 1989 von Aloys Kokaly herausgegeben, beinhaltet insgesamt 64 Primärtexte von Viktor Schauberger, verteilt auf 111 Ausgaben (ab Heft 100 nur noch Wiederabdrucke bereits in früheren Ausgaben veröffentlichter Texte). Mit dem Tod des Herausgebers wurde die Zeitschrift zunächst eingestellt. 1995 übernahm Kurt Lorek die Verantwortung für die Wiederherausgabe. Seitdem erscheint sie ab Heft 112 mit neuen Primärtexten und kann über den »Verein für Implosionsforschung und Anwendung e.V.«, Windschlägerstraße 58, 77652 Offenburg, bezogen werden. *Implosion* bietet die bisher einzige Sammlung von Originalschriften. Auch hier sind die Quellenangaben leider unvollständig; außerdem ist nicht immer klar, wo der Herausgeber Kürzungen, Kommentare oder neue Überschriften vorgenommen hat. In der Zeitschrift erscheinen auch Texte über Viktor Schauberger, wobei jeder Autor einen anderen Schwerpunkt setzt und andere Querverbindungen herstellt. Ferner berichtet die Zeitschrift über Laborversuche und die Fortführung der Arbeit Viktor Schaubergers; Walter Schauberger und Olof Alexandersson stellen hier ihre Forschungsergebnisse vor.

Die Zeitschrift *Mensch und Technik naturgemäß*, herausgegeben von der »Gruppe der Neuen e.V.«, erschien von 1969 bis 1971 unter dem Titel *Bild der kosmischen Evolution* und von 1972 bis 1980 als *Kosmische Evolution*. 1981 wurde sie erneut umbenannt und 1995 eingestellt. Sie enthält in einigen Ausgaben interessante Primärtexte, außerdem gibt es eine Viktor Schauberger gewidmete Sonderausgabe. Neben den Primärtexten publizierte sie fundierte Artikel von Norbert Harthun, von denen insbesondere seine Schriften über technische Entwicklungen und deren Einordnung in einen übergeordneten wissenschaftlichen Kontext zu nennen sind.

Im Unterschied zu Schaubergers Abhandlungen haben seine Patentschriften den Vorteil, daß er darin gezwungen war, seine Erfindungen in nachvollziehbarer Form darzustellen. Sämtliche Zeichnungen sind erläutert, die Texte beziehen sich auf die konkrete Ebene der Erfindungen. Die Abhandlungen selbst haben unterschiedliche Umfänge, lassen aber eine ähnliche Vorgehensweise erkennen: Jedes Thema wird auf verschiedenen Ebenen betrachtet. Handelt der Text von einem konkreten Thema, beispielsweise Bodenbearbeitungsgeräten, werden Aussagen auf der fachspezifischen Ebene sowohl stofflicher als auch energetischer Art getroffen, das heißt, es werden einerseits Form und Material des Pflugs und andererseits deren energetische Auswirkungen auf Boden und Pflanzenwachstum beschrieben. In derselben Abhandlung stellt Viktor Schauberger einen fachübergreifenden Zusammenhang her. Man findet zum Beispiel im besagten Text über Bodenbearbeitungsgeräte zugleich Aussagen über das Pflanzenwachstum und das Entstehen von Leben auf der stofflichen, energetischen und geistigen Ebene. Dies gilt beispielhaft für die meisten seiner Schriften.

Seit dem Tod Viktor Schaubergers wird auf der Grundlage seiner Ideen weiterführende Forschung betrieben. Ende der 50er Jahre gründete Olof Alexandersson in Schweden eine Forschungsgruppe für ökologische Technik, heute die Stiftung »Institut för ekologisk Teknik« (IET). Das Institut führt unter anderem Strömungsversuche im Wasser durch, Versuche mit Kupfergeräten und zur Abwasserreinigung, zur Temperatur- und Spannungsmessungen an Bäumen und zur Wirbelforschung; es gibt das Informationsorgan *Implonik-Information* heraus.
Nach dem Tod seines Vaters gründete Walter Schauberger in Österreich die Biotechnische Akademie und die Pythagoras-Kepler-Schule (PKS) in Bad Ischl. Sie ist der mathematisch-

ökologisch-biotechnische Zweig der Biotechnischen Akademie. Die PKS hat mehrere Abhandlungen in einer eigenen Informationsreihe veröffentlicht. Seit 1996 finden in der PKS Lehrgänge statt. Außerdem hat die PKS eine CD-ROM »Wasser – Das Blut der Erde« aus zahlreichen Originalschriften und Skizzen Viktor Schaubergers erstellt. Ferner können dort Gartengeräte aus Kupferlegierungen erworben werden.
Einige Teilnehmer der PKS gründeten 1965 unter der Leitung von Norbert Harthun die »Gruppe der Neuen e.V.« Von 1969 bis 1995 gaben sie die Zeitschrift *Mensch und Technik naturgemäß* heraus.
1961 gründete Aloys Kokaly den »Verein zur Förderung der Biotechnik e.V.« in Neviges, Deutschland. Der Verein entwickelte vor allem Heilwasser- und Gartengeräte. Von 1961 bis 1989 gab Kokaly die Schriftenreihe *Implosion* heraus. Zwischen 1963 und 1983 fanden neun »biotechnische Lehrgänge« in Neviges statt.
1995 gründete Kurt Lorek den »Verein für Implosionsforschung und Anwendung e.V.«, der die Herausgabe von *Implosion* weiterführt.
Ähnliche Vereine wurden in Österreich, der Schweiz, in Schweden, Finnland und Dänemark gegründet. Das 1983 gegründete dänische Institut für ökologische Technik, »Danks Institut för ökologisk Teknik« (DIFÖT), entwickelt Apparate zur Trinkwasserverbesserung; es gibt die *DIFÖT-NYT* heraus.[185]

Walter Schauberger, der die intuitiven Erkenntnisse seines Vaters wissenschaftlich zu beweisen versuchte, hat auch eigene Apparate zur Wasser- und Abgasreinigung entwickelt und patentieren lassen. Sein besonderer Verdienst ist die Formulierung des Natur-Tongesetzes. Seiner Meinung nach ist es die Grundlage jeglicher physikalischer Realität und der »harmonikale Aspekt gleichzeitig der quantenphysikalischen und relativistischen Bedingung in allen Systemen... Das Gesetz der Evolution und damit das Sein der Dinge ist im Urphänomen niedergeschrieben.«[186]

Walter Schauberger nennt einige Wissenschaftler, die nach seiner Auffassung ebenfalls die Einfachheit des Universums beweisen: So entdeckte der Physiker Max Planck 1899 eine Naturkonstante, das nach ihm benannte Wirkungsquantum. Die Planck-Konstante spielt eine Rolle in den Gesetzen der Atom-, Kern- und Elementarteilchenphysik. Sie ist der Proportionalitätsfaktor zwischen Energie und Frequenz.

Max Planck beschrieb die Konstante (h) in bezug auf die Frequenz (v) einer elektromagnetischen Strahlung. Albert Einstein übertrug diese 1905 auf die Quanten einer beliebigen Wellenstrahlung dieser Frequenz. Er präzisierte die Planck-Konstante zur Lichtquantenhypothese. Danach erfolgt nicht nur die Abgabe und Aufnahme von Energie (E) in Quanten, sondern die energetische Gesamtwirkung selbst liegt in Form von Quanten der Energie ($E = hv$) vor. Multipliziert man die Planck-Konstante mit der Frequenz der jeweiligen Strahlung, erhält man die energetische Gesamtwirkung, welche ein ganzzahliges Vielfaches der Konstante ($E = hv$) ist.

Walter Schauberger sieht sowohl in der Planck-Konstanten als auch in deren Einsteinschen Ergänzung den Beweis dafür, daß das Universum mit ganzen Zahlen beschreibbar ist. Im Sinne einer ganzheitlichen Forschung beschreibt er mit einfachen Formen das gesamte Universum: Hyperbel und hyperbolische Spirale sind der mathematische Ausdruck des Natur-Tongesetzes. Mit ihnen kann man seiner Meinung nach sämtliche Naturphänomene erklären. Eine Konsequenz des Gesetzes ist die Beschreibung der Zeit in hyperbolischen Größen. Einzelne Zeitintervalle sind individuelle Systeme mit individuellen Zeitkrümmungen. Walter Schauberger beschreibt den Zusammenhang zwischen Masse und Zeit so:

War in der klassischen Physik die Masse jedes Körpers eine unveränderliche Größe, so ist sie in der hyperbolischen Welt eines bewegten Körpers keine Konstante mehr. Wo immer Materie sich wandelt, erleidet die Zeit Veränderung. Je größer die Massendichte ist, um so stärker ist die aus ihr resultierende Zeitkrümmung.[187]

Demnach ist die Zeit eine veränderliche Variable, ihr Tempo nimmt mit abnehmender Dichte zu. Man kann diesen Gedanken auf viele Teilaspekte übertragen: Den Umbruch einer Gesellschaft ermöglichen gleichzeitig stattfindende Dichteabnahmen der in ihr lebenden Menschen. Das heißt, je mehr Menschen sich geistig weiterentwickeln, desto schneller vollzieht sich ein gesellschaftlicher Wandel. Sogenannte Genies haben meistens ein höheres Bewußtsein als ihre Mitmenschen. Ihre Größe wird häufig erst nach ihrem Tod erkannt.
Viktor Schauberger schreibt dazu in seiner Einleitung zu »Meine Begegnung mit Adolf Hitler«:

Die Träger solcher Ideen sind intuitiv veranlagte, weit vorausdenkende Menschen, die meist selbst gar nicht wissen, was sie eigentlich wollen. ... Jeder Ideenträger macht vor allen Dingen den Fehler, seiner Zeit weit vorauszueilen. Nichts ist aber für so einen Menschen gefährlicher, als vorzeitig zu einer einflußreichen Macht zu gelangen.[188]

Viktor Schauberger beobachtete und beschrieb die daraus abgeleiteten Zusammenhänge. Seine Aussagen stehen im Widerspruch zu anerkannten naturwissenschaftlichen Gesetzen. Seine Methode ist bekannt, seine Erkenntnisse ebenfalls, ungewöhnlich ist lediglich deren Verbindung mit seinem Namen. Viele Forscher und Naturwissenschaftler sind vor und nach ihm zu ähnlichen Erkenntnissen gekommen. Jeder hat seine Methode und Ausdrucksweise; im Grunde beschreiben sie alle dieselbe Idee.

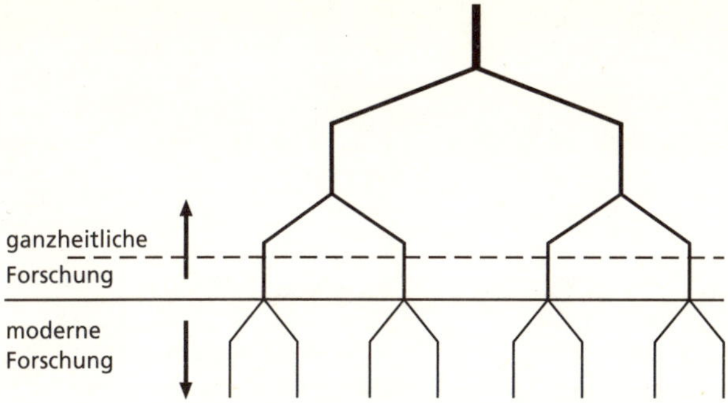

Abb. 53: Schema eines Forschungsbaums

Bernd Senf erläutert die Möglichkeit einer ganzheitlichen Herangehensweise. Ein wesentliches Prinzip dieser Methode besteht darin, verschiedene Beobachtungen auf eine gemeinsame, tiefer liegende Ursache zurückzuführen. Man kann diese Methode mit einem Baumdiagramm vergleichen, wie es Abbildung 53 zeigt. Auf den ersten Blick besteht zwischen den Ästen der einzelnen Beobachtungen keine Verbindung. Während der heutige Wissenschaftler nach weiteren Erklärungen im Einzelnen sucht, fragt der ganzheitlich vorgehende Forscher nach Gemeinsamkeiten.[189] Jeder Forscher kann Antworten auf seine Fragen finden, indem er sich seinem Forschungsgebiet gegenüber intuitiv öffnet. So erfährt er das Wirken des untersuchten Organismus, ohne ihn in Einzelteile zerlegen zu müssen. Für die verschiedensten Forschungsrichtungen trifft das zu. Nur am lebendigen Körper erfährt man, was ihn am Leben erhält.

Anmerkungen

[1] Schauberger, V. 1963g: 30
[2] Alexandersson 1993: 43–44
[3] Schauberger, V. 1963c: 9
[4] Alexandersson 1993: 33
[5] Schauberger, V. 1964c: 23–24
[6] Schauberger, V. 1963a: 1–6
[7] Schauberger, V. 1963a: 3
[8] Schauberger, V. 1963a: 4
[9] Alexandersson 1997: 3
[10] Schauberger, V. 1965a: 28–29
[11] Schauberger, V. 1963d: 19–22
[12] Schauberger, V. 1963e: 3–6
[13] Schauberger, V. 1963f: 1–3
[14] Schauberger, V. 1977b: 2–5
[15] Schauberger, V. 1963f: 3–5
[16] Schauberger, V. 1980b: 40–44
[17] Schauberger, V. 1980b: 38–40
[18] Schauberger, V. 1977b: 5
[19] Schauberger, V. 1980b: 44–49
[20] Forchheimer 1977: 8–11
[21] Alexandersson 1997: Anlage B
[22] Schauberger, V. 1964d: 6–9
[23] Alexandersson 1997: 3
[24] Kunzig 1989: 69–71
[25] Schauberger, V. 1972b: 29–31
[26] Molin/Olsson 1989: 10–40
[27] Schauberger, V. 1964a: 4
[28] Schauberger, V. 1963h: 7
[29] Schauberger, V. 1960: 29
[30] Schauberger, V. 1966c: 18
[31] Alexandersson 1997: 4
[32] Schauberger, V. 1963h: 40
[33] Schauberger, V. 1963h: 40
[34] Schauberger, V. 1963h: 9–15
[35] Schauberger, V. 1964a: 4
[36] Schauberger, V. 1963d: 23
[37] Schauberger, V. 1963h: 36–43
[38] Schauberger, V. 1963d: 21
[39] Börner 1971: 14–15
[40] Kokaly 1969: 4–8
[41] Schauberger, V. 1965d: 24
[42] Schauberger, V. 1965d: 18–25
[43] Schauberger, V. 1960: 20
[44] Schauberger, V. 1962a: 9–12
[45] Schauberger, V. 1964b: 1–9
[46] Schauberger, V. 1960: 29–30
[47] Schauberger, V. 1960: 16–20
[48] Schauberger, V. 1960: 18
[49] Schauberger, V. 1962b: 5–7
[50] Alexandersson 1993: 70–71
[51] Schauberger, V. 1965d: 18–25
[52] Alexandersson 1993: 76
[53] Schauberger, V. 1963h: 15
[54] Schauberger, V. 1975a: 24
[55] Schauberger, V. 1993: 38–39
[56] Schauberger, V. 1978b: 20–22
[57] Schauberger, V. 1993: 33–34
[58] Schauberger, V. 1963h: 23–26
[59] Schauberger, V. 1965c: 26–28
[60] Alexandersson 1997: 4
[61] Schauberger, V. 1988a: 4–6
[62] Schauberger, V. 1972c: 24–25
[63] Schauberger, V. 1993: 38–39
[64] Schauberger, V. 1997a: 30–32
[65] Schauberger, V. 1963g: 26
[66] Schauberger, V. 1997b: 30
[67] Schauberger, V. 1997b: 27–28
[68] Alexandersson 1993: 113
[69] Schauberger, V. 1964c: 22–24
[70] Schauberger, V. 1968: 1–10

[71] Schauberger, V. 1968: 1–10
[72] Schauberger, W./Swarovski: 1963: 8–9
[73] Schauberger, V. 1966a: 18–20
[74] Schauberger, V. 1966a: 20–25
[75] Schauberger, V. 1966a: 25–26
[76] Schauberger, V. 1993: 72
[77] Schauberger, V. 1966b: 13
[78] Schauberger, V. 1985: 23–28
[79] Schauberger, V. 1985: 25
[80] Schauberger, V. 1975b: 5–9
[81] Schauberger, V. 1966b: 29
[82] Alexandersson 1964: 9–10
[83] Schauberger, V. 1966b: 4–5
[84] Schauberger, V. 1975b: 8–12
[85] Schauberger, V. 1985: 23–28
[86] Kokaly 1973: 4
[87] Schauberger, V. 1978b: 18
[88] Schauberger, V. 1963g: 26
[89] Schauberger, V. 1988b: 122–124
[90] Schauberger, V. 1993: 14–16
[91] Schauberger, V. 1993: 74–75
[92] Schauberger, W. 1983: 21
[93] Schauberger, V. 1963h: 33–35
[94] Schauberger, V. 1963b: 27–28
[95] Schauberger, V. 1966b: 34
[96] Schauberger, V. 1986: 12–17
[97] Schauberger, V. 1995b: 60
[98] Schauberger, V. 1986: 12–17
[99] Schauberger, V. 1966b: 7–10
[100] Schauberger, V. 1966b: 13
[101] Schauberger, V. 1997d: 18
[102] Schauberger, V. 1997e: 24
[103] Schauberger, V. 1966b: 20–24
[104] Schauberger, V. 1966b: 20–24
[105] Schauberger, V. 1941: 1–4
[106] Schauberger, V. 1941: 1–4
[107] Schauberger, V. 1993: 13
[108] Schauberger, V. 1997d: 12–18
[109] Schauberger, V. 1966b: 7–10
[110] Schauberger, V. 1993: 33
[111] Schauberger, V. 1978a: 12–13
[112] Schauberger, V. 1963h: 17–22
[113] Schauberger, V. 1969: 14–15
[114] Schauberger, V. 1963h: 56
[115] Schauberger, V. 1998: 45
[116] Kokaly 1962: 23–25
[117] Schauberger, V. 1963b: 22
[118] Schauberger, V. 1963b: 21
[119] Schauberger, V. 1989: 25–26
[120] Schauberger, V. 1978a: 12
[121] Schauberger, V. 1966b: 22–23
[122] Schauberger, V. 1966b: 24–26
[123] Schauberger, V. 1979: 9–11
[124] Brandstätter 1973: 22
[125] Brandstätter 1973: 22
[126] Schauberger, V. 1966b: 9–10
[127] Schauberger, V. 1987: 4–7
[128] Schauberger, W. 1962: 30
[129] Alexandersson 1997: 5
[130] Norling/Alexandersson 1962: 33
[131] Alexandersson 1997: 5
[132] Schauberger, V. 1973: 1–7
[133] Schauberger, V. 1972a: 7
[134] Schauberger, V. 1974: 24–29
[135] Schauberger, V. 1978a: 12–13
[136] Schauberger, V. 1971: 11–17
[137] Schauberger, V. 1963b: 24
[138] Schauberger, V. 1963f: 4–9
[139] Schauberger, V. 1997b: 20
[140] Schauberger, V. 1995a: 41–42
[141] Alexandersson 1997: 1
[142] Alexandersson 1997: 1
[143] Schauberger, V. 1963h: 28–29
[144] Schauberger, V. 1982: 12–14
[145] Schauberger, V. 1963h: 30–32
[146] Harthun 1980: 114–115
[147] Harthun 1997: 3
[148] Schauberger, V. 1986: 12–16
[149] Jörgenson 1990: 291–293
[150] Schauberger, V. 1986: 12–16
[151] Schauberger, V. 1997d: 18
[152] Harthun 1997: 4
[153] Schauberger, V. 1971: 11–17
[154] Schauberger, V. 1997b: 20
[155] Schauberger, V. 1965c: 26–28

[156] Schauberger, V. 1971: 12–16
[157] Jörgenson 1990: 313
[158] Jörgenson 1990: 331
[159] Harthun 1980: 104
[160] Schauberger, V. 1993: 60–61
[161] Harthun 1980: 109–110
[162] Harthun 1980: 111–112
[163] Schauberger, V. 1980a: 18–21
[164] Alexandersson 1997: 9
[165] Alexandersson 1997: 10
[166] Brandstätter 1956: 50–52
[167] Alexandersson 1997: 7–10
[168] Schauberger, V. 1966b: 30
[169] Schauberger, V. 1977a: 19–25
[170] Schauberger, V. 1966b: 26–28
[171] Schauberger, V. 1995a: 54
[172] Schauberger, V. 1997b: 9
[173] Schauberger, V. 1965b: 30–31
[174] Schauberger, V. 1995a: 6–8
[175] Schauberger, V. 1995c: 6–11
[176] Schauberger, V. 1995a: 21–26
[177] Schauberger, V. 1995a: 31–37
[178] Schauberger, V. 1995a: 40–41
[179] Schauberger, V. 1995a: 50–54
[180] Schauberger, V. 1995a: 48–50
[181] Schauberger, V. 1995c: 3–13
[182] Schauberger, V. 1995c: 13–17
[183] Schauberger, V. 1995c: 22–28
[184] Schauberger, V. 1995c: 41–50
[185] Alexandersson 1993: 142–173
[186] Schauberger, W. 1985: 21
[187] Schauberger, W. 1985: 21–23
[188] Schauberger, V. 1970: 23
[189] Senf 1982: 8–12

Literatur

Alexandersson, O. 1964: »Der Baum im Spannungsfeld von Temperatur und Schwingung«, *Implosion* 16: 9–17

–, – 1993: *Lebendes Wasser*, Ennsthaler, Steyr

–, – 1997: Kommentare zu M. Rodiers unveröffentlichtem Manuskript »Viktor Schauberger«: 1–11

Börner, H. 1971: »Auszug aus den Erkenntnissen Viktor Schaubergers«, *Implosion* 43: 8–19

Brandstätter, L. 1956: *Implosion statt Explosion,* Linz

–, – 1973: »Wie geht es weiter?«, *Implosion* 51: 20–30

Forchheimer, P. 1977: »Gutachten über Schaubergers Talsperrenmauer«, *Implosion* 68: 8–11

Harthun, N. 1980: »Naturgemäße Strömungsführung nach Viktor Schauberger – Analyse einiger seiner Patente und Zitate«, *Mensch und Technik naturgemäß* 4: 104–115

–, – 1987: »Der Verbundwirbel (I) – Das Ei der Weisen?«, *Mensch und Technik naturgemäß* 2: 50–61

–, – 1996: *Naturgemäße Technik – Wege für die Forschung nach Viktor Schauberger,* Delta Pro Design und Verlag GmbH Berlin

–, – 1997: Brief an die Verfasserin, unveröffentl. Manuskript: 1–7

Jörgenson, L. 1990: *Ein Überblick über die Grauzone in der Wissenschaft,* WDB Berlin: 263–344

Kokaly, A. 1962: »Keine Zeit verlieren«, *Implosion* 3: 23 ff.

–, – 1969: »Die Bergquelle«, *Implosion* 35: 3–10

–, – 1973: »Die Seelenkräfte des Wassers«, *Implosion* 51: 1–14

Kunzig, R. 1989: »Wandering River«, *Discover* 11: 69–71

Molin, L. / Olsson, S. 1989: *Sedimenttransport i rinnende vatten*, Högskolan; Kalmar

Norling, G. / Alexandersson, O. 1962: »Der erweiterte Wasserfadenversuch«, *Implosion* 6: 32–37

Schauberger, V. 1941: »Der Flußgenerator«, in: Alexandersson, O. 1997: Anlage A: 1–4
–,– 1960: *Die geniale Bewegungskraft*, Selbstverlag A. Kokaly
–,– 1962a: »Wälder – nicht Holzproduktionsindustrie«, *Implosion* 2: 9–12
–,– 1962b: »Wald – Wasser – Tautropfen«, *Implosion* 3: 5ff.
–,– 1963a: »Die erste biotechnische Praxis«, *Implosion* 7: 1–7
–,– 1963b: »Die Natur als Lehrmeisterin«, *Implosion* 7: 21–28
–,– 1963c: »Die Flußregulierung«, *Implosion* 8: 6–13
–,– 1963d: »Temperatur und Wasserbewegung. I. Teil«, *Implosion* 8: 18–24
–,– 1963e: »Temperatur und Wasserbewegung. II. Teil«, *Implosion* 9: 1–7
–,– 1963f: »Temperatur und Wasserbewegung. III. Teil« *Implosion* 10: 1–14
–,– 1963g: »Naturnahe Landwirtschaft«, *Implosion* 10: 25–30
–,– 1963h: »Unsere sinnlose Arbeit – die Ursache des biologischen Bankrotts«, *Implosion* 11/12: 2–57
–,– 1964a: »Der gestörte Kreislauf in der Natur«, *Implosion* 13: 1–14
–,– 1964b: »Ist der sogenannte Lichtzuwachs eine forstwirtschaftliche Errungenschaft oder eine krebsartige Fehlentwicklung?«, *Implosion* 14: 1–10
–,– 1964c: »Der Bauer und der Ochse«, *Implosion* 14: 22ff.
–,– 1964d: »Einbau zur Wildbachverbauung; Patentschrift Nr. 113487«, *Implosion* 16: 6–9
–,– 1965a: »Künstliches Gerinne zum Schwemmen von Holz u. dgl.; Patentschrift Nr. 122144«, *Implosion* 17: 28f.
–,– 1965b: »Die böse Ahnung«, *Implosion* 17: 30f.
–,– 1965c: »Verfahren zur Herstellung von quellwasserähnlichem Trinkwasser; Patentschrift Nr. 142032«, *Implosion* 19: 26ff.
–,– 1965d: »Der sterbende Wald«, *Implosion* 20: 18–25
–,– 1966a: »Das Regenwürmersanatorium«, *Implosion* 21: 18–26
–,– 1966b: »Verfahren und Einrichtungen zur Durchführung organischer Synthesen mit Hilfe tropfbar flüssiger oder gasförmiger Körper«, *Implosion* 22: 1–31
–,– 1966c: »Das Problem der Donauregulierung«, *Implosion* 23: 16–22

–,– 1967: »Künstliche Hochquelle«, *Implosion* 26: 15
–,– 1968: »Versuche mit Kupfergeräten in der Landwirtschaft«, *Implosion* 29: 1–10
–,– 1969: »Die Repulsine«, *Implosion* 36: 14–18
–,– 1970: »Meine Begegnung mit Adolf Hitler«, *Implosion* 39: 23–32
–,– 1971: »In die Natur schauen – und nachmachen«, *Implosion* 41: 11–17
–,– 1972a: »Die Edeldüngung mit Hilfe der planetaren Bewegung«, *Implosion* 45: 3–8
–,– 1972b: »Wasserführung in Rohren und Gerinnen; Patentschrift Nr. 134543«, *Implosion* 45: 29ff.
–,– 1972c: »Entschleierte Naturgeheimnisse«, *Implosion* 48: 1–28
–,– 1973: »Die Entthronung der Wissenschaft«, *Implosion* 50: 1–7
–,– 1974: »Das biologische Vakuum – die beste Maschinenantriebskraft«; *Implosion* 53: 24–29
–,– 1975a: »Der Lebensmotor Wasser«, *Implosion* 58: 23–26
–,– 1975b: »Steigerung des Bodenertrages«, *Implosion* 60: 5–12
–,– 1977a: »Das Leben ist unzerstörbar«, *Implosion* 65: 19–25
–,– 1977b: »Über die Gesetzmäßigkeit der Wasserbewegung,« *Implosion* 66: 1–5
–,– 1978a: »Lebenskraft und Belebungsenergien«, *Implosion* 71: 12–16
–,– 1978b: »Lebendes Wasser für Mensch, Tier und Boden«, *Implosion* 72: 17–29
–,– 1979: »Das Jahrtausende alte Atomgeheimnis«, *Implosion* 74: 9–15
–,– 1980a: »Der Raumkraftgenerator«, *Implosion* 77: 18–21
–,– 1980b: »Die allgemeinen Aufgaben der Flußregulierung«, *Implosion* 79/80: 34–51
–,– 1982: »Wasserführung«, *Implosion* 88: 12ff.
–,– 1985: »Steigerung des Bodenertrages durch elektrische Spannungsfelder«, *Implosion* 99: 23–29
–,– 1986: »Die natürliche Rückumwandlung von Meer- in Süßwasser«, *Implosion* 101: 12–17
–,– 1987: »Die Geheimnisse des Wassers I u. II«, *Implosion* 107/108: 1–7

–,– 1988a: »Die Herstellung von Edelwasser«, *Implosion* 109: 4 ff.
–,– 1988b: »Die tanzenden Steine«, *Mensch und Technik naturgemäß* 3: 122 ff.
–,– 1989: »Der Forellenmotor«, *Implosion* 111: 24–32
–,– 1993: »Aufzeichnungen und Briefe aus Arnold Hohls Notizbuch«, *Mensch und Technik naturgemäß*, Sonderheft 2
–,– 1995a: »Die Entdeckung der Levitationskraft«, *Implosion* 112: 4–55
–,– 1995b: »Das Geheimnis der Eiform«, *Implosion* 112: 56–60
–,– 1995c: »Die Entdeckung der Levitationskraft. Teil 2«, *Implosion* 113: 3–52
–,– 1996: »Luftturbine; Patentschrift Nr. 145141«, *Implosion* 115: 44–47
–,– 1997a: »Höherwertige Antriebskräfte für das Wachstum und Maschinen«, *Implosion* 118: 26–40
–,– 1997b: »Die ethische Technik«, *Implosion* 119: 4–31
–,– 1997c: »Die maschinelle Erzeugung des tragenden, schleppenden, orientierenden und entwicklungsfördernden Wassers«, *Implosion* 119: 39–57
–,– 1997d: »Die Edeldüngung mit Hilfe der planetaren Bewegung«, *Implosion* 121: 12–20
–,– 1997e: »Macht die Erde wieder gesund«, *Implosion* 121: 23–30
–,– 1998: »Das Prinzip der meta-physischen (höherwertigen) Krafterzeugung«, *Implosion* 122: 41–46
Schauberger, W. 1962: »Der Wasserfadenversuch«, *Implosion* 6: 29–32
–,– 1983: »Die Pythagoras-Kepler-Schule (PKS)«, *Implosion* 90: 19 ff.
–,– 1985: »Das Natur-Tongesetz«, *Implosion* 100: 21–32
–,– / Swarovski, D. 1963: »Bodenbearbeitungsgeräte, insbesondere für die Land-, Forst- und Gartenwirtschaft; Patentschrift Nr. 197625«, *Implosion* 9: 8 ff.
Senf, B. 1982: »Orgonomischer Funktionalismus – Wilhelm Reichs Forschungsmethode«, *Emotion* 4: 8–51

Glossar

Achse Eine Spiralbewegung von außen nach innen auf einer Achse hat nach einer kurzen Ruhepause eine Spiralbewegung von innen nach außen auf derselben Achse zur Folge. Das Gleichgewicht zwischen Einspulen und Ausspulen auf derselben Achse wird als *originelle* oder *planetare Bewegungsart* bzw. *zykloide Spiralraumkurve* bezeichnet. Sie bewirkt die Bewegung jedes Lebewesens aus sich selbst heraus auf seiner eigenen Achse. Ihr entgegengesetzt wirkt die *technische Bewegungsart*. Sie wird durch einen Impuls von innen nach außen hervorgerufen und muß regelmäßig von außen angetrieben werden.

Anodenwasser Es werden zwei Wasserarten gegenübergestellt, die sich in der chemischen Zusammensetzung, der Zellstruktur, der Energie und der Wirkung im Organismus unterscheiden. Anodenwasser beinhaltet einen hohen Anteil an gelöstem Luftsauerstoff, einen geringen Anteil an Salzen, natürlicher Kohlensäure und Metallen. Das Wasser hat eine kristalline Struktur, eine positive Energie und wirkt im Organismus in größeren Mengen lebenzerstörend.
Kathodenwasser dagegen hat einen hohen Anteil an Salzen, natürlicher Kohlensäure und Metallen, wenig gelösten Luftsauerstoff und eine amorphe Struktur. Seine negative Energie wirkt im Körper lebenaufbauend.

Ausgleichsvorgänge Sie beschreiben Wirkungen auf der stofflichen wie energetischen Ebene. Auf der stofflichen Ebene beinhalten sie die Reaktion zweier verschiedener Stoffe miteinander und den sich daraus bildenden neuen Stoff. Auf der energetischen Ebene handelt es sich um die durch den Kontakt zweier unterschiedlich geladener Energieträger hervorgerufene Ladungsveränderung. Grundsätzlich ist der Ausgleich um so stärker, je größer der Ladungsunterschied ist.

Baumkrebs → *Lichtzuwachs*

Befruchtung Im Boden beispielsweise bildet Kupfer einen negativen Pol, der ständig breitseitig Strahlen aussendet, welche sich mit den positiven Sonnenstrahlen kreuzen. Dieser Moment der Kreuzung von negativer und positiver Energie in der Keimzone des Bodens ist die Befruchtung der Pflanzensamen.

Für die Beschreibung der gegensätzlichen Spannungen werden für die negative Komponente die Ausdrücke *Mutter-*, *Frucht-* oder *Süßstoffe* und für die positiven *Vater-*, *Befruchtungs-* oder *Reizstoffe* benutzt. Es handelt sich also um verschiedene Begriffe mit gleichen Inhalten. Die Befruchtung bezieht sich auf alle Vorgänge, bei denen eine Verbindung verschiedener Spannungen stattfindet. Häufig wird dieser Prozeß auch *Urzeugung* oder *Emulsion* genannt.

Befruchtungsstoffe → *Befruchtung*

Bewegung Leben entsteht durch Bewegung, die das Produkt verschiedener Spannungen ist. Die Art der Bewegung wird durch die Bewegungsauslösung von außen nach innen oder von innen nach außen bestimmt. Ein Anstoß von innen nach außen wird *explosiv* genannt, also vom Kern weg, oder *zentrifugal*, das heißt aus dem Zentrum flüchtend. Analog dazu heißt ein Impuls von außen nach innen *implosiv*, also zum Kern hin, oder *zentripetal*, das heißt nach dem Zentrum strebend. Der Bewegungsimpuls von außen kann physisch oder *metaphysisch* sein. Dabei beinhaltet diese Unterteilung eine Wertung. Metaphysisch bedeutet so viel wie höherwertig im Vergleich zu physisch. Ein physischer Impuls ist zum Beispiel ein Schlag oder ein Tritt, der einen Stein zum Zerspringen bringt, während ein Zerbröckeln durch Töne oder eine andere Schwingung ein metaphysischer Impuls ist. Metaphysische Bewegungsarten werden in zwei Gruppen unterteilt: die *metaphysische Druckstoffgruppe* und die *metaphysische Zugstoffgruppe*. Die Druckstoffgruppe dient der nahezu willkürlich regelbaren Nährfreiheit. Die Zugstoffgruppe dient der Fort- und Aufpflanzung, der allgemeinen Lebenserhaltung.

Bewegungsform → *Temperaturgefälle*

Bioelektrizität Verbinden sich verschiedene Stoffträger, entsteht als Endprodukt u. a. eine Energie, deren Qualität bioelektrisch oder biomagnetisch sein kann. Überwiegen bei der Verbindung die positiven Stoffe, wird die Energie des Produktes als Bioelektrizität bezeichnet. Sie fördert im Lebewesen zersetzende Prozesse. Überwiegen bei der Verbindung die negativen Stoffe, entsteht eine Energie, die lebenaufbauende Eigenschaften hat. Sie wird *Biomagnetismus* oder *Diamagnetismus* genannt.

biologisches Vakuum Bewegt man Medien mit lockerem Gefüge, zum Beispiel Wasser oder Luft, einspulend um die eigene Achse, so entstehen Abkühlung und Volumenverdichtung. Diese Achse hat keine Welle, sondern nur Wellenansätze, welche die angesaugten Luft- oder Wassermassen um ihre eigene Achse verdichten. Der so entstandene Unterdruck wird als biologisches Vakuum bezeichnet.

Biomagnetismus → *Bioelektrizität*

bipolare Grundstoffe Bipolare Grundstoffe, *Grenzwerte* oder *primäre Syntheseprodukte* sind einfache polare Stoffe, die entweder positiv oder negativ geladen sind. Es handelt sich zum Beispiel um durch die Photosynthese entstehenden Sauerstoff, welchem eine positive Ladung zugeordnet wird. Ein Grundstoff kann auch Kohlenstoff oder eine einfache Kohlenstoffverbindung sein, welcher als negativer Ladungsträger bezeichnet wird. Primäre Syntheseprodukte befinden sich in jedem Wasser. Dort treten sie miteinander in Ausgleich und ermöglichen das Entstehen von Lebewesen. Dieser Vorgang heißt *organische Synthese*. Bei einer einspulenden Bewegung überwiegen die negativ geladenen Grundstoffe, es entsteht ein gesunder Organismus, während sich bei einer ausspulenden Bewegungsrichtung unter dem Einfluß positiv geladener Grundstoffe ein krankes Lebewesen bildet.

Blut der Erde Hinter dieser Metapher steht das Verständnis des Planeten Erde als einem Organismus. So wie in Mensch und Tier Blut zirkuliert als Ausdruck eines lebendigen Organismus, kann man das Wasser als das Blut der Erde bezeichnen. Die Flüsse sind demnach die Blutbahnen. Von der Wasserqualität hängt der Zustand des gesamten Planeten ab. Ist sein Wasser verschmutzt, wird der Organismus Erde krank.

Brot der Erde Die Metapher vergleicht die menschliche Nahrung, speziell das Brot, mit den natürlichen Kohlevorkommen der Erde. Bei der Verdauung wird das Brot aufgespalten, und seine Bestandteile werden dem Körper als Nahrung zugeführt. Ein ähnlicher Umwandlungsprozeß findet in der Erdrinde statt: Unter dem Einfluß von Druck und Sauerstoffen wird die Kohle, das Brot der Erde, zerlegt, steigt auf und lagert sich in der Wurzelzone ab. Dort steht sie Flora und Fauna als Nährstoff zur Verfügung.

Charakter → *Energieform*

Diamagnetismus → *Bioelektrizität*

Doppeldrallrohr Das Doppeldrallrohr ist eine Erfindung, welche durch den Einbau von bestimmten Leitelementen in einem Rohr das geleitete Wasser in eine doppelte Schraubenbewegung versetzt und damit seine Qualität erhält oder sogar verbessert. Es entstehen ein inneres und ein äußeres Fließsystem. Das äußere System fließt in stabilen Wirbelgebilden, welche durch den direkten Kontakt mit dem Leitelement eine zweite einspulende Bewegung wie eine Schraube innerhalb einer Schraube erfahren. Das innere System erfährt scheinbar eine einfache Schraubenbewegung, so daß die inneren Wassermassen schneller fließen als die äußeren. Die zweite Schraubenbewegung ist in der Rohrmitte eine energetische, welche eine qualitative Aufwertung des Wassers zur Folge hat.

Druckstoffgruppe → *Bewegung*

Edelkompost Bei der Kompostierung wird organische Substanz umgebaut und dem Naturkreislauf zur Verfügung gestellt. Die Qualität des entstandenen Komposts hängt von der Beteiligung positiv und negativ geladener Stoffe ab. Je nachdem, welche überwiegen, erfolgen entgegengesetzt wirkende Prozesse: Bei der *Verwesung* handelt es sich um eine *warme Oxidation*, deren Endprodukt eine positive Energie besitzt. Sie wird auch *warme Gärung* genannt. Beispiele sind verendende Tiere, Kuhdung oder im Wasser faulende Pflanzenreste. Bei der *Verrottung* entsteht im Prozeß einer *kalten Oxidation* negativ geladener Humus. Mit der kalten Oxidation ist ein Vorgang gemeint, bei dem die Sauerstoffe von den Kohlenstoffen gebunden werden. Es handelt sich also um eine *Reduktion* oder auch *kalte Gärung*, die manchmal auch *Läuterung* genannt wird. Beispiele sind ein belüfteter Komposthaufen, ein Hügelgrab oder die Gesteinsverwitterung mit anschließender Bodenbildung.

Edelwasser Wasser, welches unter bestimmten Bedingungen künstlich veredelt wird, wirkt wie Heilwasser. Bei regelmäßigem Trinken bewirkt es eine gründliche Reinigung und Entschlackung des Körpers. Die Veredelung erfolgt in Geräten, in denen Wasser mit einer positiven Energie (zum Beispiel destilliertes Wasser) unter Zusatz bestimmter Salze, Kohlensäure und Edelmetalle bei Licht- und Luftabschluß verwirbelt wird. Auf diese Art erhält das Wasser eine negative Energie.

Ei Das Ei stellt die natürliche Form dar, welche für die Entwicklung von Leben vorauszusetzen ist. Das Protoplasma ist durch eine grob- und feinstoffliche Eierschale abgeschlossen. In einem befruchteten Ei bewegt sich das Eidotter langsam um seine eigene Achse. Dabei wird ein leiser Lebensstrom in Impulsen ausgeworfen, der sich an der Eispitze kühl und an der Eirundung warm anfühlt. Es beginnt eine Ausbreitung negativer Energien, die die vorher bei der Befruchtung eingedrungene positive umwandelt. Ein in einer Eiform enthaltenes Medium bewegt sich zwangsläufig einspulend. Deshalb sind Eiformen wesentlicher Teil der Implosionstechnik.

Emanation Das Produkt der Verbindung verschiedener Stoffe wird *Energiestoffgebilde, Rohstoffgebilde, Fettstoffgebilde, Potenzstoff, Ion* oder Emanation genannt. Dabei meint die Emanation speziell die energetische Komponente, die sogenannten Energiestoffabstrahlungen. Keiner dieser Ausdrücke enthält eine Wertung; es sind Sammelbegriffe. Sie sind entweder positiv oder negativ, lebenzerstörend oder -aufbauend, gravitierend oder levitierend, je nach Kontext.

Andere Begriffe beinhalten eine Wertung; besonders für die Syntheseprodukte mit levitierenden Eigenschaften werden verschiedene Ausdrücke benutzt, u. a. *Keimstoff-, Qualitätsstoff-* oder *Strahlengebilde, Konzentrations-* oder *Rückstromstoffe.*

Emulsion → *Befruchtung*

Energieform Parallel zu der Stoffebene wird eine Energieebene im Wasser beschrieben. Die Energieform meint beide Ebenen zusammen. Eine positive Energieform ist typisch für Regen-, destilliertes und Kondenswasser. Eine negative Energieform charakterisiert Quell- oder Tiefseewasser. Dabei ist der entscheidende Faktor der Stoffgehalt des Wassers. Da jedem Stoff eine bestimmte Energie zugeordnet wird, entspricht die Gesamtenergie aller Stoffe der jeweiligen Energieform. Die Begriffe *Psyche, Sphäre* und *Charakter* beziehen sich ebenfalls auf stoffliche und energetische Eigenschaften des Wassers. Man kann nur vermuten, ob jeweils ein bestimmter Teilaspekt betont werden soll oder ob es sich um inkonsequenten Wortgebrauch handelt. Die Ausdrücke werden nicht einzeln erläutert, lassen aber die Dimension der gemeinten Bedeutung erahnen.

Energiestoffgebilde → *Emanation*

Erstarrung → *Lebenskraft*

Explosion Bei der Explosion erfolgt eine Beschleunigung eines Stoffes unter Druck von innen nach außen. Mit zunehmender Geschwindigkeit wächst der Widerstand und der damit zusammenhängende Energieverbrauch im Quadrat. Jede Explosion hat den molekularen Zerfall der bewegten Masse als Begleiterscheinung.

Die entgegengesetzte Bewegung, die *Implosion,* wird durch einen Zug oder Sog von außen nach innen ausgelöst. Bei der Implosion sinkt der Widerstand im Quadrat zur Beschleunigung. Es wird zusätzliche Energie frei.

explosiv → *Bewegung*

Fettstoffgebilde → *Emanation*

Fieber → *Innentemperatur*

Fruchtstoffe → *Befruchtung*

Gärung → *Edelkompost*

geothermische Tiefenstufe Sie ist die Schicht innerhalb der Geosphäre, in der die Wasserdichte ihr Maximum erreicht und die Wassertemperatur folgerichtig bei +4 °Celsius liegt. Sie bildet die Grenze zwischen der Wurzelzone und der Erdsphäre. Ihre Lage wird durch die Außentemperatur und die Klimaverhältnisse beeinflußt, ändert sich also zwischen Tag und Nacht bzw. Sommer und Winter.

Gravitation → *Lebenskraft*

Grenzwerte → *bipolare Grundstoffe*

Heimkraftwerk → *Sogturbine*

Implosion → *Explosion*

implosiv → *Bewegung*

Innentemperatur Jeder Organismus hat eine ihm zukommende spezifische Körpertemperatur. Sie wird maßgebend bestimmt durch die als Folge der jeweiligen Nahrung und Wasserzufuhr hervorgerufenen inneren Oxidationsvorgänge. Jeder Innentemperatur ist eine bestimmte Körperform gleichgeordnet. Eine konstante arttypische Innentemperatur zeugt von einem gesunden Organismus. Ein Abweichen ist ein Zeichen von *Fieber* und deutet auf Krankheit hin. Die Innentemperatur des Wassers liegt bei +4 °Celsius, die des Menschen bei +37 °Celsius.

Ion → *Emanation*

Isolierhaut In einem naturbelassenen Ökosystem bildet sich zwischen der Atmosphäre und der Geosphäre ein feines, hautartiges Netz. Es hat eine neutrale Spannung und bildet eine unsichtbare Schutzschicht für den Boden vor direkter Sonneneinstrahlung. Der Boden bleibt kühl und feucht, und seine natürliche Fruchtbarkeit wird erhalten. Kunstdünger, rostige Gartengeräte oder Monokulturen zerstören diese Isolierhaut.

Kathodenwasser → *Anodenwasser*

Keimstoffgebilde → *Emanation*

Kernwasser Kernwasser ist das Wasser im Fluß, dessen Temperatur dem Anomaliepunkt von +4 °Celsius relativ am nächsten kommt. Es hat die höchste Dichte, die größte Fließgeschwindigkeit und Schleppkraft. Der vom Kernwasser geprägte Bereich der stärksten Strömung ist der *Stromstrich*.

Klimator Diese Maschine dient als Heizung; sie wird auch *Wärme-Kälte-Maschine* oder *Raumkraftgenerator* genannt. Sie besteht aus drei Teilen: einem kleinen Heizkörper innerhalb einer Katalysatormasse aus Kiesel- und Aluminiumpulver; mehreren verschachtelten Einzelelementen, zwischen denen sich Wasser und Luft befinden; einem fest verankerten Generator, um den ein Startor kreist.

Kohlenstoffe → *Stoffgruppen*

Konzentrationsstoffe → *Emanation*

Ladung Mit der Ladung oder *Spannung* wird der energetische Zustand eines Stoffes oder eines bestimmten Aspektes eines Lebewesens umschrieben. Ein Stoff kann positiv, negativ oder neutral gespannt bzw. geladen sein. Zum Beispiel ist die Atmosphäre positiv geladen und die Geospäre negativ gespannt oder geladen. Die Begriffe werden für alles, was existiert, gebraucht.

Läuterung → *Edelkompost*

Lebenskraft Treten positive und negative Stoffe im rechten Winkel miteinander in Kontakt, erfolgen *Befruchtung* und Ladungsausgleich. Das Produkt dieses Ausgleichs ist die Lebenskraft. Deren Qualität hängt von der Qualität der beteiligten Ladungsträger ab. Die Lebenskraft besteht immer aus einer stofflichen und einer energetischen Komponente. Beide bedingen sich gegenseitig.

Die *Levitation* ist der energetische Teil mit der relativ höchsten Schwingung und geringsten Dichte. Sie steigt als Strahl auf. Die *Gravitation* ist der stoffliche Aspekt mit einer relativ schwachen Schwingung und hohen Dichte. Nur dieser Teil ist sichtbar. Der Vorgang des Verdichtens zu Materie ist das *Wachstum*. Ist die Schwingung zu schwach, um ein Wachstum zu ermöglichen, erfolgt eine *Erstarrung* der Lebenskraft. Das geschieht, wenn ein Lebewesen stirbt.

Levitation → *Lebenskraft*

Lichtzuwachs Schattholzgewächse, die im Licht wachsen, setzen relativ breitere Jahresringe an. Diese werden Lichtzuwachs genannt. Die in den Blättern und Nadeln gespeicherten Pflanzenfette sind auf die Absorption bestimmter Strahlungsintensitäten spezialisiert. Bei zu viel Licht werden die Stoffe nicht umgewandelt und dem Stoffkreislauf des Gehölzes zugeführt, sondern statt dessen in kristalliner Form in der Rinde abgelagert. Dieser Massezuwachs bedeutet einen Qualitätsverlust. Es handelt sich um *Baumkrebs*.

Luftturbine Diese Erfindung ist dadurch gekennzeichnet, daß die Luftmassen angesaugt werden. Die Sogwirkung wird durch ein eingebautes Doppeldrallrohr erreicht. Die mittig geführten Luftmassen

Über die Autorin

Martina Rodier, 1968 in Hamburg geboren, studierte an der TU Berlin Landschaftsplanung. Im Laufe ihres Studiums war sie in dem Naturschutzzentrum auf Hallig Hooge und einem südfranzösischen Naturschutzzentrum tätig. Während einer dreijährigen Anstellung im Fachgebiet Abfallbelastung der Landschaft spezialisierte sich die Diplomingenieurin auf das Fachgebiet Belastungen durch Schadstoffe und leitete Übungsgruppen.
1994 löste sie durch ihre Stellungnahme gegen die geplante Mülldeponie Augzin, Mecklenburg, großen Protest und die Gründung einer Bürgerinitiative aus. Die Deponie wurde verhindert. Bis 1997 war die Autorin stellvertretende Landesvorsitzende und Abfallexpertin des BUND Mecklenburg-Vorpommern e.V.
Heute lebt sie als Reiki-Lehrerin, Spieleautorin und Schriftstellerin in Below, wo sie ein Seminarzentrum leitet. Das Kursangebot umfaßt neben Reiki auch Geomantie und Rutengehen.
Nähere Informationen bei M. Rodier, Am Techentiner Damm 1, 19399 Below (Telefon/Fax: 038736/42739).

Das Papier dieses Buches, einschließlich Überzug
und Vorsatz, besteht zu 100 Prozent aus Altpapier.
Das Kapitalband und das Leseband wurden aus
ungefärbter und ungebleichter Baumwolle gefertigt.